Villes et développement durable

Juste Rajaonson

Villes et développement durable

Un portrait des grandes villes du Québec

Presses Académiques Francophones

Impressum / Mentions légales

Bibliografische Information der Deutschen Nationalbibliothek: Die Deutsche Nationalbibliothek verzeichnet diese Publikation in der Deutschen Nationalbibliografie; detaillierte bibliografische Daten sind im Internet über http://dnb.d-nb.de abrufbar.
Alle in diesem Buch genannten Marken und Produktnamen unterliegen warenzeichen-, marken- oder patentrechtlichem Schutz bzw. sind Warenzeichen oder eingetragene Warenzeichen der jeweiligen Inhaber. Die Wiedergabe von Marken, Produktnamen, Gebrauchsnamen, Handelsnamen, Warenbezeichnungen u.s.w. in diesem Werk berechtigt auch ohne besondere Kennzeichnung nicht zu der Annahme, dass solche Namen im Sinne der Warenzeichen- und Markenschutzgesetzgebung als frei zu betrachten wären und daher von jedermann benutzt werden dürften.

Information bibliographique publiée par la Deutsche Nationalbibliothek: La Deutsche Nationalbibliothek inscrit cette publication à la Deutsche Nationalbibliografie; des données bibliographiques détaillées sont disponibles sur internet à l'adresse http://dnb.d-nb.de.
Toutes marques et noms de produits mentionnés dans ce livre demeurent sous la protection des marques, des marques déposées et des brevets, et sont des marques ou des marques déposées de leurs détenteurs respectifs. L'utilisation des marques, noms de produits, noms communs, noms commerciaux, descriptions de produits, etc, même sans qu'ils soient mentionnés de façon particulière dans ce livre ne signifie en aucune façon que ces noms peuvent être utilisés sans restriction à l'égard de la législation pour la protection des marques et des marques déposées et pourraient donc être utilisés par quiconque.

Coverbild / Photo de couverture: www.ingimage.com

Verlag / Editeur:
Presses Académiques Francophones
ist ein Imprint der / est une marque déposée de
AV Akademikerverlag GmbH & Co. KG
Heinrich-Böcking-Str. 6-8, 66121 Saarbrücken, Deutschland / Allemagne
Email: info@presses-academiques.com

Herstellung: siehe letzte Seite /
Impression: voir la dernière page
ISBN: 978-3-8381-7780-9

TABLE DES MATIÈRES

LISTE DES FIGURES

LISTE DES TABLEAUX

AVANT-PROPOS

Cet ouvrage constitue une version vulgarisée du mémoire de maitrise de l'auteur intitulé « Utilisation d'une grille commune d'indicateurs de développement durable : un classement des 25 plus grandes municipalités du Québec » et supervisé par M. Georges Tanguay. Les modifications apportées pour fins de vulgarisation n'engagent que son auteur principal.

INTRODUCTION

Depuis les 15 dernières années, plusieurs villes à travers le monde ont mis de l'avant des initiatives en matière de développement durable. Les mesures instaurées en ce sens peuvent prendre plusieurs formes : programme de gestion des matières résiduelles, incitatifs favorisant les transports collectifs et actifs, développements autour de pôles de transport, etc. C'est ainsi que durant la même période, plusieurs études sur le développement et l'utilisation d'indicateurs de développement durable ont été réalisées (ex. : Beauregard, 2003; Centre québécois du développement durable, 2003; Gahin et al., 2003; Boulanger, 2004; Fédération canadienne des municipalités, 2004; Purvis et Grainer, 2004; Sharpe, 2004; Géniaux, 2006; Holden, 2006; Infrastructure Canada, 2006; Kahn, 2006; Koller, 2006; Planque et Lazzeri, 2006; Reed et al., 2006; *Scottish Executive Social Research*, 2006; Wong, 2006; Connelly, 2007; Fédération québécoise des municipalités, 2007; MDDEP, 2007; Ness et al., 2007; Sénécal, 2007; Tomalty, 2007; Wilson et al., 2007; MDDEP, 2009; Bell et Morse, 2008; Bovar et al., 2008; Lazzeri et Moustier, 2008; Niemeijer et De Groot, 2008; OECD, 2008; Tanguay et al., 2008; Holman, 2009; Singh et al., 2009; Zilahy et al., 2009; Rametsteiner et al., 2010; Floridi et al., 2011, etc.).

Le bilan de ces études permet de faire deux constats principaux. D'une part, il existe une incohérence verticale (c'est-à-dire, d'un palier de gouvernement à l'autre) et horizontale (c'est-à-dire, d'une ville à l'autre) entre les approches d'évaluation du développement durable. Chaque entité semble avoir sa propre définition des objectifs de « son » développement durable, auxquels répondent par la suite « ses » indicateurs. La « personnalisation » du développement durable, légitimée par la particularité de chaque ville et de chaque région

1

présente cependant le risque d'ignorer, en tout ou en partie, les principes fondamentaux du concept. Elle est en partie responsable de la perte de crédibilité de celui-ci et a alimenté sa perception comme étant trop souvent « utilisé à toutes les sauces ». Pourtant, l'application des principes de développement durable a permis la réalisation de nombreux projets ayant eu des impacts environnementaux et socioéconomiques tangibles (par ex : réduction de la pauvreté, amélioration de la qualité de vie urbaine). D'autre part, l'évaluation du développement durable par l'utilisation de techniques et de méthodes « scientifiques » demeure très peu populaire auprès des décideurs en raison de leur complexité. Ils préfèrent souvent adopter une démarche d'évaluation basée sur la recherche de consensus entre les diverses parties prenantes. Or, en ciblant uniquement des enjeux jugés importants par ces parties, ils risquent d'évacuer d'autres dimensions toutes aussi pertinentes dans une perspective de développement durable.

Face à ces constats, une vaste littérature s'est développée autour de l'utilisation de critères ou d'indicateurs uniformes, en faisant état de l'utilité d'établir, de cette façon, un minimum de cohérence dans les pratiques d'évaluation du développement durable. Le présent ouvrage s'inscrit dans cette perspective en discutant des principaux enjeux et défis qui y sont relatifs. Le cas de l'évaluation du développement durable des 25 plus grandes villes du Québec est présenté en guise d'illustration.

Cet ouvrage est divisé en trois chapitres. Le premier chapitre expose les problèmes relatifs aux multiples interprétations du développement durable sur le plan conceptuel. Le chapitre 2 discute des enjeux entourant l'élaboration et l'utilisation d'une grille uniforme d'indicateurs de développement durable (IDD). Le chapitre 3 servira à démontrer à travers l'étude des 25 plus grandes villes du Québec qu'une telle grille permet de garantir un minimum de cohérence dans l'évaluation du développement durable et d'observer des tendances communes aux villes de même catégorie. Finalement, les contraintes analytiques et méthodologiques de l'évaluation du développement durable des villes à l'aide d'une grille uniforme d'indicateurs seront mises en perspectives dans la conclusion.

CHAPITRE 1

INTERPRÉTATIONS DU DÉVELOPPEMENT DURABLE

Malgré l'intérêt qu'ils suscitent chez les villes ou municipalités, l'évaluation du développement durable divisent souvent les professionnels et les universitaires. Cette absence de consensus résulte en partie des multiples interprétations du concept. D'une part, sur le plan théorique, on assiste à l'opposition entre deux visions prédominantes : la durabilité forte (*strong sustainability*) et la durabilité faible (*weak sustainability*). D'autre part, sur le plan opérationnel, on observe souvent une incohérence verticale (i.e. d'un palier de gouvernement à l'autre) et horizontale (i.e. d'une ville à l'autre) sur la forme et le contenu des politiques et des pratiques de développement durable, les rendant souvent incompatibles et déficients.

1.1. Rétrospective

La notion de développement durable a été véhiculée par la montée du mouvement environnementaliste des années 1950. À l'époque, au lendemain de la Deuxième guerre mondiale, le développement économique était présenté comme étant le processus fondamental à l'amélioration des conditions sociales et économiques des populations. Cette vision du développement défendait la nécessité d'accroître la productivité et de favoriser l'industrialisation de manière à fournir aux populations les biens et les services dont elles ont besoin pour accroître leur niveau de vie.

En 1972, dans un rapport intitulé « *The Limit of Growth* », le Club de Rome[1] critiqua ce modèle de développement à cause de ses impacts sur l'environnement et face à l'épuisement accéléré des ressources naturelles. Le rapport recommandait alors la nécessité de tendre vers la stabilisation de la population, de la production industrielle et de la consommation (Bell et Morse, 2008). Ces principes ont été repris par le rapport Brundtland de la Commission mondiale sur l'environnement et le développement (CMED) en 1987 pour définir un nouveau modèle de développement plus durable. Cette trajectoire alternative de développement repose sur des mesures qui visent à « répondre aux besoins du présent sans compromettre la possibilité, pour les générations à venir, de pouvoir répondre à leur propres besoins » (CMED, 1987 : 43). Le rapport souligne ainsi deux conditions importantes du développement : i) la satisfaction des besoins fondamentaux des populations, en particulier les plus démunies et celles des pays les plus pauvres et ii) l'acceptation des limites de nos moyens technologiques et organisationnels actuels pour exploiter les ressources naturelles de façon à répondre à l'ensemble de nos besoins présents et futures.

En 1992, un consensus semble avoir émergé de la troisième conférence des Nations-Unies sur l'environnement et le développement tenue à Rio de Janeiro, avec l'élaboration de l'Agenda 21, une stratégie globale de mise en œuvre du développement durable. Rédigé en 40 chapitres, l'Agenda 21 décrit le plan d'action adopté cette année-là par 173 chefs d'État pour mettre en œuvre les principes du développement durable. Il présente des recommandations dans les domaines environnementaux, sociaux, économiques et politiques qui interpellent les institutions internationales, les gouvernements nationaux et les autorités

---

[1] Le Club de Rome est un groupe réflexion sur les problèmes globaux résultants de la croissance économique et des modes de production encouragés durant la période de l'Après-guerre. Il est constitué d'un panel de chercheurs, de fonctionnaires internationaux, d'économistes et de groupes industriels provenant de 53 pays.

publiques infranationales. Il exhorte notamment les autorités locales et municipales à jouer un rôle très important dans l'opérationnalisation de ces recommandations car elles constituent le palier de décision le plus proche de la société civile et apte à initier des actions concrètes avec des retombées tangibles.

En 2002, le Sommet mondial sur le développement durable tenu à Johannesburg a permis de faire le bilan des programmes lancés lors du Sommet de Rio et de réitérer les engagements politiques des États participants sur plusieurs enjeux de développement (pauvreté, droit de l'homme, ressources naturelles, etc.). Au niveau des villes, ce bilan a fait référence à des engagements spécifiques de l'Agenda 21 (ex.: section 7.38 : Planification intégrée des infrastructures urbaines et de l'environnement à l'horizon 2000; section 6 : Améliorer de 10 à 40 points le résultats des villes en matière de santé des populations; section 21.18a : Appui financier et technique du gouvernement aux autorités locales et régionales dans l'implantation de politiques de gestion des matières résiduelles; etc.). La plupart de ces engagements ont dû être renouvelés car plusieurs des cibles retenues n'ont pas été atteints (*United Conference on Sustainable Development* [UNCSD]a, 2012). Le bilan de 2002 a aussi fait référence aux objectifs visés par la mise en œuvre des Agendas 21 locaux. Ainsi, en 2002, plus de 6500 villes et collectivités territoriales se sont engagés dans une démarche volontaire visant à planifier des actions concrètes dans les domaines des transports urbains, de l'aménagement du territoire, des services publics et de la sensibilisation citoyenne dans l'esprit de l'Agenda 21 (International Council For Local Environment Initiatives [ICLEI], 2002). C'est cette opérationnalisation flexible et personnalisée de l'Agenda 21 à l'échelle des villes et des collectivités territoriales qui caractérise les Agendas 21 locaux.

En 2012, de nouveaux engagements en faveur du développement durable ont été retenus à la suite du cinquième Sommet de la Terre baptisé Rio +20. Ainsi, au-delà du renouvèlement de leurs engagements passés, les 188 États représentés se sont engagés au développement d'une économie plus verte, axées sur la réduction et l'élimination de la pauvreté, l'amélioration du bien-être de l'humanité, la création de possibilité d'emplois décents pour tous, et ce, tout en préservant les écosystèmes. Les questions entourant la gouvernance, les mécanismes mondiaux de financement du développement durable et l'élaboration d'indicateurs susceptibles de compléter le Produit Intérieur Brut comme mesure d'évaluation du progrès à l'échelle internationale ont aussi été abordées. Elles ont conduit à la mise en place de forums, de comités et de programmes de travail dédiés (UNCSDb, 2012). Par ailleurs, dans le rapport du Sommet de Rio +20 intitulé « L'avenir que nous voulons », les paragraphes 134 à 137 ont été consacrés aux villes. Ils rapportent essentiellement les engagements déjà pris lors des Sommets de la Terre précédents, c'est-à-dire, la reconnaissance du rôle indispensable des autorités locales et de leurs partenaires locaux dans l'élaboration des programmes destinés à contribuer à l'atteinte des objectifs mondiaux de développement durable (UNCSDb, 2012).

À travers ces nombreux engagements et ces recommandations, le développement durable est largement admis comme étant un paradigme alternatif face aux arguments opposants les tenants de la croissance économique à ceux de la protection de l'environnement pour satisfaire les besoins actuels et futurs des sociétés. De ce point de vue, il serait en quelque sorte une trajectoire médiane de développement qui tente de concilier l'environnement, l'économie, et les besoins sociaux, faisant de ces dimensions les trois piliers fondamentaux du développement durable (Connelly, 2007). Dans des cas plus spécifiques, la culture est présentée au même titre que ces trois dimensions traditionnelles (Runnalls, 2007). Toutefois, son ajout dans la conceptualisation du développement durable fait encore l'objet d'un débat théorique inachevé (voir par exemple : Dallaire et Colbert, 2012). À défaut de consensus, les trois dimensions traditionnelles demeurent fondamentales et consensuelles. Cette conceptualisation tridimensionnelle implique leur mise en relation qui se traduit souvent par la recherche d'un arbitrage entre les préoccupations relatives à chaque dimension. Connelly (2007) précise toutefois que dans cet arbitrage, le point d'équilibre absolu entre les trois axes de développement est un objectif abstrait qui est ni mesurable, ni quantifiable. Tout développement serait alors « durable » à partir du moment où il tend vers l'intégration des objectifs environnementaux, sociaux et économiques.

1.2. Durabilité forte et durabilité faible

Dans un autre ordre d'idées, le caractère durable de ce mode de développement intégré oppose deux visions fondamentales sur la substituabilité du capital naturel. D'une part, les économistes néoclassiques, tenants d'une durabilité faible, supposent que le capital naturel « épuisable » peut être remplacé par un capital construit grâce aux développements technologiques. D'autre part, les tenants d'une durabilité forte sous-tendent qu'il existe un seuil critique à partir duquel il devient impossible de substituer le capital naturel (Bell et Morse, 2008).

Les tenants d'une durabilité faible considèrent qu'il est possible de substituer au capital naturel épuisé un capital construit équivalent. Cette hypothèse de substituabilité des capitaux relève de la règle de compensation de Hartwick (1977). Selon cette règle, les rentes provenant de l'exploitation des ressources épuisables doivent être réinvesties afin de produire un capital construit à même de se substituer aux ressources épuisées. Ces rentes correspondent à la différence entre le prix et le coût marginal des ressources et devraient croître à un taux égal au taux d'actualisation (Figuières *et al.*, 2007). En d'autres termes, la dépréciation du capital naturel serait justifiée en autant qu'elle est compensée par un capital construit permettant de produire un revenu équivalent. Suivant cette logique, les biens naturels n'auraient donc pour valeur que celle qui équivaudrait aux services monétaires qu'ils rendent. La surexploitation des ressources naturelles et non renouvelables deviendrait donc tolérable dès que des procédées technologiques et des produits de substitution sont en mesure de compenser la dépréciation du capital naturel en générant des substituts qui produisent les mêmes services et des revenus plus avantageux (Kousnetzoff, 2003). Mais jusqu'à quel point peut-on substituer le patrimoine naturel en sachant que celle-ci rend des services qui ne peuvent pas être mesurés uniquement en termes monétaires ? À ce sujet, les critiques les plus radicales à l'encontre de la durabilité faible portent sur les contraintes méthodologiques permettant d'évaluer monétairement les éléments naturels et sur la difficulté de créer un marché permettant d'internaliser systématiquement les externalités négatives (ex.: pollution de l'air) (Neumayer, 2003).

Les tenants de la durabilité forte sont plus conservateurs. Ils reconnaissent davantage les services et fonctions écosystémiques imputables au capital naturel et ils considèrent que le capital naturel (généralement la matière transformée dans un processus de production) et le capital construit (produit de transformation) ne peuvent pas se substituer l'un à l'autre de manière parfaite. Au mieux, il est possible de minimiser les pertes et le gaspillage en recyclant les ressources déjà utilisées. Il existerait donc un seuil critique au-delà duquel le capital naturel fournirait des biens et des services qui ne peuvent pas être substitués. Les technologies et les techniques devraient donc viser la réduction de l'utilisation des ressources naturelles et énergétiques dans les processus de production au lieu d'essayer de trouver des substituts au capital naturel. C'est également dans cette optique qu'on retrouve les tenants des quotas d'exploitation des ressources et les préconisateurs de l'imposition des taxes dissuasives et d'une augmentation du prix des ressources (Neumayer, 2003; Harribey, 1997). Bien que la durabilité forte pose le problème du choix des capitaux et des seuils critiques, il existe des arguments solides en sa faveur (Ekins *et al*., 2003; Dietz et Neumayer, 2007). Entre autres, il est impossible de substituer parfaitement les systèmes à l'origine des fonctions existentielles de la vie (air, eau, climat, produits agricoles, etc.). De plus, le capital construit utilise les ressources naturelles comme intrants. Les deux formes de capital (capital naturel et capital construit) seraient donc surtout complémentaires et ne seraient substituables que de façon marginale. Enfin, contrairement au capital construit, le capital naturel n'est pas toujours renouvelable et l'épuisement des ressources exploitées est parfois irréversible. Les tenants de la durabilité forte recommandent alors des principes de précaution. D'abord, le taux d'exploitation des ressources naturelles renouvelables devrait être égal à son taux de régénération. Ensuite, le taux d'exploitation des ressources naturelles non renouvelables devrait se faire au rythme du taux de substitution permis par des ressources renouvelables. Enfin, les matières résiduelles générées devraient s'ajuster à la capacité d'enfouissement et de recyclage permises par les milieux où elles sont disposées (Neumayer, 2007).

Lorsqu'il s'agit de mettre en place des outils d'information et de suivi en matière de développement durable, il est difficile de déterminer laquelle des deux trajectoires il faudrait privilégier. En théorie, il est possible de « fusionner » la durabilité faible et la durabilité forte. Toutefois en pratique, à défaut de pouvoir réellement parler de « fusion » des deux trajectoires, on parlera plutôt d'arbitrage. Ce dernier consisterait à accepter notre incapacité à optimiser l'usage des ressources pour les générations futures par manque d'information et à préserver essentiellement la possibilité de choix pour ceux qui nous succèderont (Neumayer, 2003). Dans un contexte municipal, les décideurs se rangent souvent derrière la durabilité forte pour séduire un public en faveur de la préservation des espaces naturels, alors même que sont encouragées des politiques de développement d'infrastructures et d'activités relevant de la durabilité faible, et ce, au nom des intérêts économiques (ex. : infrastructures et activités relatives au tourisme local et régional).

1.3. Incohérences verticales

À cette dichotomie entre durabilité forte et durabilité faible s'ajoute aussi une individualisation de l'interprétation du concept de développement durable d'une échelle décisionnelle à l'autre. Ainsi, il existe souvent une « incohérence verticale » entre les paliers gouvernementaux sur les principes qui doivent régir les stratégies de développement durable. Si l'on s'accorde sur la nécessité de les adopter, il est cependant difficile de trouver un consensus sur leur forme et leur contenu (*Scottish Executive Social Research*, 2006). Chaque entité semble avoir sa propre définition des objectifs de « son » développement durable, auxquels devraient répondre par la suite « ses » indicateurs (Purvis et Grainer, 2004).

1.3.1. Exemples d'incohérence verticale

En Europe, la majorité des pays possède leurs propres stratégies en matière de développement durable, tout comme la plupart des régions et des villes qui les constituent, et ce, malgré les efforts de coordination de l'Union Européenne (Hametner et Steurer, 2007). En France par exemple, la stratégie nationale de développement durable révisée en juillet 2010 s'articule actuellement autour de neuf défis-clés pour des modes d'organisation, de production et de consommation plus sobres. Or, à l'échelle infranationale, des régions comme le Midi-Pyrénées et le Nord-Pas-de-Calais on adopté une autre approche articulée autour de cinq axes de développement durable et avec un système basé sur

11

quatre niveaux d'évaluation et de suivi du développement durable. Des mises à jour sont toutefois effectuées afin d'harmoniser les dispositions actuelles (Bovar *et al.*, 2008).

Aux États-Unis, l'intégration des politiques de développement durable d'une échelle décisionnelle à l'autre est réduite à quelques initiatives isolées, phénomène dû notamment à la faible importance accordée par le gouvernement américain à l'Agenda 21 Local (Holden, 2006). Ainsi, *Sustainable Seattle* est la principale organisation aux États-Unis à avoir développé des outils pour mesurer le développement durable depuis 1990. Son initiative a servi de modèle pour un certain nombre de villes américaines et a incité des organisations territoriales à élaborer des outils consensuels de mise en œuvre du développement durable (Holden, 2006).

Au Canada, les initiatives fédérales et provinciales visant à gérer l'intégration des approches locales et nationales consistent surtout à élaborer des guides ou des documents programmatiques pouvant être consultés et utilisés par les administrations locales et les villes. À ce sujet, en 2007, le Commissaire à l'environnement et au développement durable (CEDD) a présenté un examen de la planification et de la production de rapports en matière de développement durable du gouvernement du Canada de 1997 à 2007. Le bilan est négatif : absence d'une stratégie générale permettant un suivi efficace, inadéquation des mesures de rendement, objectifs et cibles au niveau ministériel vagues, etc. (Commissaire à l'environnement et au développement durable [CEDD], 2007). L'autonomisation des pratiques a été privilégiée et a favorisé une multiplication des approches à l'origine d'une détérioration de la cohésion et de la compatibilité des politiques résultantes. En 2008, le gouvernement fédéral a été tenu par la *Loi fédérale sur le développement durable* d'élaborer une nouvelle Stratégie fédérale de développement durable (SFDD). Celle-ci doit permettre une meilleure planification et une production plus efficace et avisée de rapports en la matière. Publiée en octobre 2010, la nouvelle SFDD apporte plusieurs innovations majeures comparativement à l'approche précédente. En outre, elle souligne l'adoption d'une vision commune pancanadienne. La SFDD reste toutefois vague sur l'harmonisation des stratégies infranationales en mentionnant que « le gouvernement du Canada travaille en partenariat avec les gouvernements provinciaux et territoriaux » (Environnement Canada, 2010, p. 11). L'exercice serait d'ailleurs complexe dans la mesure où des provinces (ex. : Manitoba et Québec) et des régions (ex. : Bassin Fraser en Colombie-Britannique, Saguenay-Lac-Saint-Jean au Québec) ont déjà leur Stratégie de développement durable.

Au Québec, l'adoption et la mise en œuvre de la Stratégie gouvernementale de développement durable est également un processus récent. Le Ministère du développement durable, de l'environnement et des parcs du Québec a tenu en juin 2006 un atelier de réflexion et d'échange rassemblant plusieurs experts pour aborder la question des systèmes d'indicateurs de développement durable et de bonifier les travaux préliminaires en vue de l'élaboration d'un système adapté au Québec (Ministère du développement durable, de l'environnement et des parcs [MDDEP], 2007b). La première liste d'indicateurs a été adoptée par le gouvernement du Québec en 2008, conformément à la *Loi sur le développement durable*. Elle rassemble les indicateurs de mesure et de surveillance des progrès de la société québécoise en matière de développement durable. L'approche retenue a été une approche par capitaux. Autrement dit, le cadre organisationnel dans lequel s'inscrivent les indicateurs tient compte du niveau de développement du capital humain (ex.: main d'œuvre en santé et éduquée), social (ex.: respect des normes et des valeurs sociales), financier (ex.: actions, investissements), produit (ex.: infrastructures, technologie), naturel (ex.: ressources naturelles, écosystèmes) (MDDEP, 2009). Cette approche a été critiquée par les chercheurs de la Chaire de responsabilité sociale et de développement durable (CRSDD) de l'Université du Québec à Montréal car elle constituerait une rupture avec les autres outils de gouvernance du développement durable adoptés par le gouvernement jusqu'à présent. Selon eux :

> «L'approche par capitaux convie une toute nouvelle manière d'appréhender le développement durable à laquelle ni le plan, ni la loi, ni la stratégie n'ont préparé. L'irruption de cette nouvelle logique risque de créer davantage de confusion dans un domaine qu'il s'agit de clarifier et de rendre le plus compréhensible possible aux citoyens et aux décideurs.» (CRSDD, 2009, p. 25)

Dans ce sens, elle complexifie la recherche d'une solidarité et d'une cohésion avec les paliers de gouvernements inférieurs comme les municipalités régionales et les villes. D'autant plus que des initiatives régionales et municipales en matière d'indicateurs ont déjà été développées à travers la province bien avant l'adoption de la Stratégie gouvernementale de développement durable du Québec (ex.: Centre québécois du développement durable [CQDD], 2003; Ville de Montréal, 2005). Selon le rapport du CRSDD, une approche par domaine ou par secteur aurait été plus judicieuse et aurait laissé une marge de manœuvre à l'harmonisation des politiques d'une échelle décisionnelle à l'autre.

1.3.2. Problèmes d'échelle

L'incohérence verticale soulève aussi des problèmes associés à la question d'échelle. Un portrait du développement durable à une échelle régionale ou nationale pourrait très bien montrer une tendance positive, et ce, malgré le fait qu'à l'échelle locale la situation puisse être contradictoire. Les diagnostics du développement durable utilisant des moyennes nationales négligent souvent les écarts entre les situations locales. Behar *et al.* (2001) ont démontré par exemple qu'au niveau des revenus et de l'exclusion sociale, les inégalités s'accentuent

14

lorsqu'on passe d'une échelle régionale à une échelle locale. Autrement dit, une moyenne régionale des revenus sous-estime l'état réel des inégalités et pourrait par exemple amoindrir l'urgence d'amorcer des programmes de redressement socioéconomique. Il reste que bon nombre d'enjeux doivent être abordés à une échelle supérieure (ex. : déforestation, agriculture, PIB, etc.). Ainsi, les indicateurs de développement durable se doivent d'être compatibles à différentes échelles pour que les objectifs puissent se compléter et s'accorder vers une même orientation d'une échelle décisionnelle à l'autre.

Le développement durable n'est cependant pas fractal (Godard, 1996). La réduction d'échelle s'accompagne inévitablement d'une recomposition des problèmes et d'une prise en compte de nouvelles conditions et capacités de territoires hétérogènes. Dans cette logique, les autorités municipales ont tendance à développer des politiques de développement durable surtout pour combler des besoins et servir des intérêts immédiats qui leur sont propres, plus que par soucis de contribuer à améliorer le portrait régional ou national du développement durable (Godard, 1996).

Il y aurait donc une autonomisation des démarches d'une juridiction à l'autre, avec deux logiques de développement durable, chacune légitime : d'une part, celle des acteurs locaux essentiellement préoccupés par une intégration des questions environnementales et du souci de la qualité de vie sur son propre territoire, et d'autre part, celle des acteurs nationaux, qui s'intéressent aux impacts des grandes infrastructures, à la régulation des marchés, aux objectifs nationaux et sectoriels de réduction des émissions de gaz à effet de serre, à l'exploitation rationnelle des ressources naturelles, etc. (Torres, 2002).

15

Il n'en reste pas moins que si chacun développait son propre système d'informations et ses propres outils, l'interprétation du développement durable pourrait être compromise et perdre de sa crédibilité.

On risquerait également de créer ce que Pearce et ses collègues appellent la notion de durabilité importée et de non-durabilité exportée : chaque territoire tendrait naturellement à résoudre ses problèmes internes en les délocalisant vers l'extérieur (Pearce *et al.*, 1989). Ceci permettrait éventuellement de résoudre les problèmes locaux sans résoudre les problèmes à une échelle supérieure et de confirmer que les intérêts politiques et économiques ainsi que la course à la compétitivité territoriale passent généralement avant les préoccupations environnementales, et ce, même à une échelle internationale (voir Tanguay, 2001). De plus, on multiplierait inutilement les approches et les interprétations déjà suffisamment complexes du développement durable.

Ceci étant dit, l'articulation de l'interprétation du développement durable d'une échelle décisionnelle à l'autre est nécessaire. Elle permet un minimum de cohérence et de compatibilité entre les outils d'information et de suivi, à l'instar des IDD. Elle rend les objectifs globaux plus opérationnels à l'échelle locale tout en valorisant réciproquement les stratégies locales à un niveau de décision supérieur (Torres, 2002). Il est cependant impossible d'intégrer parfaitement des approches nationales et infranationales, étant donné que la poursuite du développement durable n'est pas homothétique. Autrement dit, les priorités identifiées à une échelle donnée ne peuvent pas se transposer telles quelles à une autre échelle décisionnelle (Godard, 1996).

En revanche, un consensus doit pouvoir être établi en ce qui concerne la transposition du concept de développement durable en dimensions. À ce sujet, les approches envisagées doivent permettre le passage d'un niveau décisionnel à l'autre tout en restant cohérentes. Cela permettrait d'éviter que les outils d'informations qui en découlent ne deviennent trop isolés et ne puissent servir qu'au territoire pour lequel ils ont été créés. Pour illustrer la variété des représentations possibles du développement durable, nous présentons ci-dessous six façons possibles de le schématiser.

1.3.3. Typologie d'approches

Il existe au moins six différentes façons d'aborder le développement durable à travers un cadre organisationnel permettant en bout de ligne de formaliser des indicateurs : l'approche par dimension (qui fait référence aux trois dimensions constitutives du développement durable), l'approche axée sur des objectifs, l'approche sectorielle, l'approche par capital, l'approche causale et l'approche axée sur les problématiques (Tomalty, 2007; Boulanger, 2004; McLaren, 1996).

Tableau 1.1
Approches pour interpréter le développement durable

Types d'approche	Exemple de thèmes abordés
Par dimensions	Environnementale – Économique – Sociale
Par thèmes	Logement, transport, loisirs, aménagement du territoire, etc.
Par capitaux	Capital naturel, capital construit, capital humain, etc.
Par objectifs ou finalité	Qualité de vie, Prospérité économique, Démocratie participative, etc.
Par problématiques	Étalement urbain, pollution sectorielle,
Par causalité	État (ex. : qualité de l'air), Pression (ex. : utilisation de l'automobile), Réponse (ex. : politique de transport actif)

1.3.3.1. Par dimensions

Cette approche permet d'appréhender les trois dimensions traditionnelles du développement durable, c'est-à-dire l'environnement, l'économie et la société ainsi que leurs chevauchements possibles (environnement-économie, économie-société, environnement-société). Elle est centrée sur la recherche d'un équilibre entre les évolutions de ces trois dimensions, ce qui rejoint la conception la plus consensuelle du concept dans les discours politiques dominants (Boulanger, 2004). Cette approche présente l'avantage d'être simple et compréhensible à un large éventail d'acteurs et d'utilisateurs potentiels. Elle est facilement applicable à différentes échelles (McLaren, 1996).

Cependant, elle est critiquée du fait qu'elle approuve implicitement l'existence d'un découpage disciplinaire (i.e. environnement, économie, société) (Boulanger, 2004). Or, le concept de développement durable vise à décloisonner les disciplines en prônant l'interdisciplinarité. Elle est aussi critiquée dans la mesure où la recherche d'un équilibre entre les trois dimensions implique un certain arbitrage qui introduit les problèmes de pondération, c'est-à-dire de l'importance qu'on devrait accorder à l'une ou à l'autre des dimensions. Cette question a fait l'objet de plusieurs débats scientifiques (Singh *et al.*, 2009; Connelly, 2007). Nous en discuterons d'avantage un peu plus loin dans cet ouvrage.

Pour Connelly (2007), toute interprétation du développement durable peut se situer à l'intérieur d'un triangle dont les angles représenteraient les points de vue extrêmes privilégiant : i) le développement économique au détriment de l'équité entre les générations et des coûts environnementaux occasionnés; ii) la protection de l'environnement à tout prix et iii) la recherche d'une équité entre les générations eu égard des conditions économiques et environnementales. Théoriquement, le développement durable se retrouverait donc au centre du triangle. À défaut de pouvoir calculer ce point d'équilibre et de construire ainsi une norme absolue du développement durable, celui-ci serait simplement un objectif idéal permettant d'orienter les initiatives politiques en fonction de leur position initiale dans le triangle. Selon ce principe, on pourrait donc situer toutes les villes dans un champ triangulaire en fonction de leurs préoccupations et performances environnementales, sociales et économiques. Les plus durables d'entre elles seraient celles qui tendent vers le centre du triangle et qui intègrent autant les préoccupations socio-économiques et environnementales.

1.3.3.2. Par thème

L'approche thématique consiste à décliner l'interprétation du développement durable en différents secteurs ou domaines. Dans une perspective d'évaluation et de suivi du développement durable, elle catalogue les indicateurs selon les services ou départements gouvernementaux correspondants (ex. : transport, logement, loisirs, etc.). Les indicateurs et les outils de mise en œuvre du concept résultant de cette représentation risque donc d'être catégorisés selon la structure organisationnelle de la ville mandataire. Comme chaque ville ou organisation territoriale possède généralement sa propre structure, l'approche sectorielle complexifie la recherche d'un référentiel qui vise à établir un minimum de comparabilité entre les initiatives d'une ville à l'autre.

Cette approche est souvent combinée avec l'approche par dimension pour éviter qu'elle ne serve exclusivement aux fonctionnaires et aux décideurs et moins à d'autres parties prenantes ou encore à des fins de comparaison (McLaren, 1996).

1.3.3.3. Par objectifs ou finalités

L'approche axée sur les objectifs permet d'interpréter le développement durable en identifiant des cibles à atteindre qui sont généralement quantifiables. Elle est surtout adoptée par des territoires où les acteurs sont peu familiers aux principes de développement durable. En outre, son élaboration relève des objectifs définis essentiellement par le processus de décision local privilégié et les parties prenantes impliquées. L'interprétation du développement durable issue de ce processus est souvent très spécifique au territoire et présente en conséquence le risque de voir des politiques se qualifier de développement durable sans en respecter les principes. Elle explique pourquoi le développement durable est vu par certains observateurs comme étant un concept inconsistant et trop permissif (Boulanger, 2004).

1.3.3.4. Par capitaux

L'approche par capitaux est considérée par des observateurs comme étant une approche qui permet une lecture et un arbitrage plus opérationnel entre les trois dimensions traditionnelles du développement durable (MDDEP, 2009; Bossel, 1999). Pour ses tenants, elle faciliterait la compréhension des liens entre environnement, économie et société en distinguant quatre formes de capitaux : les capitaux construits, sociaux, humains et naturels (Boulanger, 2004).

Le capital social concerne les réseaux ainsi que les normes et les valeurs qui les accompagnent. Le capital humain concerne essentiellement les comportements économiques des individus : accumulation des compétences, de la productivité et des revenus, intégrant naturellement leurs conditions (ex.: santé, bien-être). Le capital construit et le capital naturel a déjà été défini dans une section précédente.

1.3.3.5. Par problématiques

L'approche basée sur la formulation de questions ou de problématiques est souvent utilisée lorsque les réflexions sur les modalités d'évaluation et de suivi du développement durable sont basées sur la concertation entre différents acteurs provenant de milieux disparates, ayant du même coup des intérêts divergents et une connaissance limitée pour ce qui est des questions du développement durable ne relevant pas des problèmes qui les concernent. Cette approche est très peu utilisée puisqu'elle est très intuitive et plusieurs questions soulevées en réponse à des préoccupations immédiates pourraient masquer d'autres questions tout aussi pertinentes dans une perspective de développement durable (McLaren, 1996).

1.3.3.6. Par causalité

L'approche causale consiste à définir des liens de cause à effet entre différents éléments qui servent de repère dans une trajectoire de développement durable. Elle est basée sur la nécessité de mesurer l'intensité de la pression exercée sur l'environnement, l'économie et la société, d'évaluer leur état respectif et de vérifier dans quelle mesure certaines actions ont été entreprises en conséquence. Dans sa forme la plus traditionnelle, cette approche est connue sous l'acronyme de PSR (*Pressure-State-Response*). Celle-ci comporte plusieurs déclinaisons qui se sont développées par la suite. En dépit de sa pertinence, le principal défi à relever, lorsqu'on adopte cette approche, découle de la difficulté de distinguer clairement les facteurs de pression et d'état. De plus, elle devient peu attractive dans une démarche de développement d'outils d'évaluation du développement durable impliquant plusieurs parties prenantes, dans la mesure où chaque indicateur devra être dupliqué afin d'être représenté dans chacun des facteurs (Bell et Morse, 2008; EEA, 2001; McLaren, 1996).

Cette approche évalue les liens de causalité entre l'état de l'environnement et les activités anthropiques. Dans une approche PSR, la pression est considérée comme exercée par l'activité humaine à travers les flux de pollution et la consommation des ressources. La réponse renferme des mesures sociopolitiques prises en réaction à l'état ou au changement d'état de l'environnement. D'autres approches inspirées du modèle PSR ont par la suite tenté d'affiner les causes de la pression et de distinguer les impacts de l'état de l'environnement (DPSIR – *Drivers – Pressure – State – Impact – Response*) (Bell et Morse, 2008).

La difficulté de décider si un phénomène est une pression ou un impact d'une activité donnée est l'un des principaux défauts de cette représentation du développement durable. De plus, elle schématise la nature des relations de causalité entre les phénomènes sans parvenir à déterminer sa valeur et son intensité. Cette faiblesse devient d'ailleurs incommodante lorsqu'il s'agit de quantifier les indicateurs et d'établir des valeurs de pondérations.

Chaque approche possède donc des qualités et des défauts qui méritent d'être pris en considération au moment de traduire le concept de développement durable en indicateurs. Au-delà des critères de pertinence et de faisabilité de l'approche, son choix doit aussi tenir compte de sa flexibilité et particulièrement de la possibilité d'articuler les différentes juridictions.

1.4. Incohérences horizontales

Il existe également une « incohérence horizontale » (i.e. entre les villes) au niveau des priorités intra et intersectorielles du développement durable. Au niveau conceptuel, deux visions distinctes apparaissent dans le paysage intellectuel de l'urbanisme: Le *Smart Growth* et le nouvel urbanisme (*New Urbanism*) (Ouellet, 2006). Au niveau opérationnel, les villes se divisent globalement entre celles qui associent le concept aux préoccupations environnementales et celles qui le substituent à celui de la qualité de vie (Parkinson et Roseland, 2002; FCM, 2004).

1.4.1. *Smart Growth* et nouvel urbanisme

Le *Smart Growth* et le nouvel urbanisme sont deux mouvements fondamentaux qui ont émergé en matière d'aménagement en réponse aux problèmes générés par l'étalement urbain. D'une part le *Smart Growth* s'est sensiblement inspiré des principes du développement durable. Il prône une utilisation plus judicieuse de l'espace déjà urbanisé et il est guidé par des principes d'aménagement et de développement qui visent la préservation des ressources (naturelles et financières) et la réduction de la ségrégation spatiale sous ses diverses formes (ex. : fonctionnelles, sociales, etc.) en priorisant le redéveloppement urbain. Pour les tenants du *Smart Growth*, l'étalement urbain peut-être évité grâce à une meilleure gestion de l'urbanisation et à la mise en place de différentes mesures comme la gestion et la règlementation en matière de zonage ou encore l'utilisation d'incitatifs fiscaux sur la rente foncière (Ouellet, 2006).

Les exemples d'application du *Smart Growth* au Canada ne sont d'ailleurs pas nombreux. En Ontario, diverses mesures législatives s'inscrivant dans un mouvement de *Smart Growth* ont été prises en 2004 (*ex.: Place to Growth Act*) par le ministère du Renouvellement de l'infrastructure publique pour faire face aux problèmes de congestion et de smog de la région métropolitaine de Toronto. Elles s'accompagnent d'une réforme de la planification urbaine initiée par le ministère des Affaires municipales et du Logement. En Colombie-Britannique, le gouvernement provincial a également mis en place différentes initiatives permettant de préserver les zonages agricoles et de réduire la pression urbaine sur les milieux naturels. Ces initiatives portent notamment sur des règlements de zonages agricoles plus sévères et sur des incitatifs fiscaux en faveur des projets de reconversion des espaces urbains laissés en friche.

Pour ses principaux opposants, le *Smart Growth* se caractérise par l'adoption de différentes lois et règlements pouvant être en apparence intègres et louables en soi alors qu'ils seraient trop permissifs pour répondre efficacement aux objectifs de développement durable (Ouellet, 2006).

Si le *Smart Growth* s'oppose à l'étalement urbain en essayant de l'éviter, le nouvel urbanisme s'y oppose en tentant de le contrôler (Ouellet, 2006). Dans ce sens, le nouvel urbanisme s'inscrit aussi dans une perspective de développement urbain durable. Il est couramment associé à différentes initiatives en aménagement et en design urbain ayant pour objectifs de : i) créer des collectivités plus conviviales auxquelles ses citoyens peuvent s'identifier et ii) créer un environnement plus favorable aux transports collectifs et actifs (ex.: *TOD – Transit Oriented Development, TND – Traditionnal Neighbourhood Design*) (Ouellet, 2006). Les principes du nouvel urbanisme s'inspirent de plusieurs notions existantes en urbanisme, comme l'unité de voisinage (*Neighbourhood Unit*) de Stein[2], la revalorisation de la rue comme espace public et la mixité spatiale selon Jacobs[3]. Ces principes sont surtout appliqués à de nouveaux projets de développement en zone nouvellement urbanisée (Ouellet, 2006).

Les contestataires du nouvel urbanisme estiment que celui-ci vise implicitement à donner un nouveau visage à l'étalement urbain plus qu'à vouloir réellement le contrôler (Ouellet, 2006). Selon eux, le nouvel urbanisme serait superficiel en essayant de reproduire une certaine ambiance « écologique » à travers les nouveaux développements sans en créer une réelle structure (Marshall, 2000). Par exemple, des rues et ruelles favorisant les déplacements à pieds ou à vélo sont de plus en plus intégrés dans les nouveaux projets de développement urbains. Les services de bases (écoles, pharmacies, épiceries, etc.) se trouvent

---

[2] L'unité de voisinage est un concept développé par Clarence Stein de la *Regional Planning Association of America* dans les années 1930. Une unité de voisinage est caractérisée par un ensemble résidentiel bâti autour d'une école primaire, d'un centre communautaire et d'autres bâtiments de services de base (ex. : bibliothèque). Ces services sont habituellement accessibles à pieds.

[3] Jane Jacobs (1916-2006) était une militante pour le développement d'une approche communautaire dans la planification urbaine. Son ouvrage : *The Death and Life of Great American Cities*, a été un précurseur des mouvements qui luttent pour la préservation des quartiers traditionnels.

pourtant à des distances plus importantes. Et l'absence d'une desserte du transport en commun fait en sorte que l'automobile reste l'option la plus optimale.

En 2005, on comptait au Canada une vingtaine de projets de développement urbain s'inspirant du nouvel urbanisme, dont le Village de la gare à Saint-Hilaire, en banlieue de Montréal, centré sur le train de banlieue et la Place Charles-LeMoyne à Longueuil, basée sur un terminus intermodal très important (métro, autobus local, régional et provincial).

Le *Smart Growth* et le nouvel urbanisme sont donc deux mouvements légitimes visant le développement durable en matière d'aménagement, et ce, malgré la divergence des moyens utilisés et les faiblesses dont on peut respectivement les reprocher. Ainsi, les villes se diviseraient entre celles qui adhèrent au *Smart Growth* pour freiner l'étalement urbain et pérenniser les capitaux naturels, construits et humains qu'elles possèdent, tandis que d'autres préfèrent légitimer l'expansion de l'urbanisation moyennant l'application de principes de précaution. Cette bipolarisation n'est toutefois pas absolue. De plus en plus d'initiatives municipales s'inspirent des deux mouvements de manière complémentaire (Cervero, 2002).

1.4.2. Développement durable et préoccupations environnementales

Pour leur part, les critiques du mouvement environnementaliste à l'égard des modes de développement urbain des Trente glorieuses ont contribué à façonner la perception du développement durable par les villes. Plusieurs d'entre elles associent le développement durable aux seules préoccupations environnementales (Parkinson et Roseland, 2002). Autrement dit, si les discours évoquent systématiquement le développement durable, les actions entreprises s'articulent autour de projets à caractère essentiellement environnemental (ex.: système de compostage municipal, assainissement de l'eau).

Au Canada, une enquête a été menée en 2002 sur les initiatives municipales en matière de développement durable (Parkinson et Roseland, 2002). Cette enquête conclue notamment qu'une grande majorité des villes participantes ont tendance à interpréter le développement durable comme étant essentiellement associé à des exigences environnementales. La plupart des projets présentés sont des projets de gestion de matières résiduelles (compostage domestique) et des projets relatifs à la qualité de l'eau. Nombre d'entre eux sont initiés en réponse à des problèmes rencontrés par les villes ou à cause de pressions du gouvernement provincial, plus qu'à une initiative des autorités locales ou à une revendication de la société civile (Parkinson et Roseland, 2002). Quatre ans plus tard, une étude des plans et des stratégies de développement durable d'une sélection de 11 villes canadiennes les situe sur une trajectoire de développement qui met de plus en plus l'accent sur la qualité de l'environnement et le développement économique en laissant une place moins importante au volet social et à l'intégration régionale (Infrastructure Canada, 2006).

1.4.3. Développement durable et qualité de vie

D'autres villes utilisent les concepts de développement durable et de qualité de vie de façon interchangeable, notamment dans les discours politiques (FCM, 2004; Jacksonville, 2004). Pourtant, dans un contexte municipal, la recherche d'une meilleure qualité de vie implique essentiellement la recherche des conditions optimales favorisant l'implantation des ménages (Newman, 2006). Dans ce cas, une ville pourrait ainsi favoriser la qualité de vie de ses concitoyens tout en ayant un mode de vie qui n'est pas nécessairement viable ou soucieux de l'environnement.

En plus de rechercher à combler les besoins fondamentaux des individus et des ménages, la qualité de vie en milieu urbain comprend aussi des aspects plus subjectifs issus des différentes perceptions individuelles et collectives. Pour Sénécal (2007), les principaux facteurs de la qualité de vie couramment présentés dans la littérature sont les conditions socio-économiques, la distance et la proximité, la densité résidentielle pour permettre l'accessibilité aux différentes aménités et services de bases, la qualité de l'environnement et la convivialité du cadre de vie et l'équité entre les générations.

Ainsi, le concept de la qualité de vie ne peut pas se substituer parfaitement au développement durable. D'un coté, elle n'est pas tenue d'intégrer les problèmes comme la pollution de l'air ou la pollution de l'eau. Autrement dit, tant que la pollution de l'air ne détériore pas de manière flagrante la qualité de vie elle ne figurera pas dans les priorités. De plus, elle ramène la notion de durabilité interne et externe discutée précédemment. En recherchant essentiellement la qualité de vie de ses concitoyens, et si en admettant que cela puisse rendre son territoire plus durable, une ville pourrait simplement évacuer ou déplacer un problème dans une autre ville ou à un autre niveau juridictionnel. Cet aspect a déjà été discuté précédemment.

Ceci dit, la recherche d'une qualité de vie peut ne pas tenir compte de l'ensemble des principes du développement durable mais essentiellement du bien-être individuel et collectif. En revanche, le développement durable vise parmi ses objectifs une qualité de vie.

1.5. Pistes de solutions

Face aux problèmes liés aux multiples interprétations du développement durable discutées dans ce chapitre, une première étape consisterait à i) clarifier la notion de développement durable en restant fidèle à ses dimensions constitutives et en les intégrant dans un contexte municipal; ii) établir le cadre théorique à l'élaboration d'une grille d'IDD. En outre, en tant qu'outils d'évaluation et d'information, une telle grille doit être en mesure de quantifier des phénomènes complexes sous une forme consciencieusement simplifiée et réduite. En même temps, elle doit être organisée de manière à appuyer des objectifs politiques à différentes échelles décisionnelles (Boulanger, 2004). Cette étape constitue le cadre théorique du chapitre 3 du présent ouvrage. Avant d'y arriver, nous poursuivons la discussion et l'analyse, cette fois-ci sur les enjeux relatifs à l'élaboration et à l'utilisation d'une grille d'IDD.

CHAPITRE 2

VERS UNE GRILLE UNIFORME D'INDICATEURS

Au chapitre 1, nous avons discuté des problèmes relatifs à l'interprétation du développement durable. Dans ce chapitre, nous discutons et analysons les problèmes entourant l'élaboration et l'utilisation d'indicateurs comme outil d'évaluation du développement durable par les villes. Bien que la littérature soit abondante sur ce sujet, il n'existe pas de consensus explicite (Singh *et al.*, 2009). Cette absence de consensus n'a pas empêché la réalisation et le succès de plusieurs expériences municipales en matière d'information et de suivi du développement durable. Cependant, la multiplication des outils, légitimée par la singularité de chaque territoire, peut occasionner un effet pervers, lorsque les outils développés deviennent trop spécifiques et finissent par ignorer, en tout ou en partie, les principes du développement durable.

2.1. Élaboration d'indicateurs de développement durable

L'élaboration d'indicateurs implique certains problèmes méthodologiques. Si une approche scientifique est peu utilisée dû à sa trop grande complexité, et ce, malgré sa pertinence et sa fiabilité, l'approche politique n'est pas plus efficace en recherchant essentiellement une simplification des indicateurs pour les rendre accessibles aux parties prenantes. De plus, cette dernière présente le risque de compromettre une certaine validité scientifique. D'autre part, les contraintes d'observation et de mesures restent des problèmes auxquels l'élaboration d'IDD fait face.

2.1.1. Fonctions des indicateurs

Les indicateurs constituent nos repères : un ciel grisâtre et nuageux indique une possibilité de pluie, les aiguilles d'une montre indiquent l'heure actuelle, une hausse du chômage peut être un signe de problèmes sociaux et/ou économiques, etc. Plus l'objet qu'on souhaite évaluer est complexe, plus le recours à un nombre important d'indicateurs est nécessaire pour l'évaluer adéquatement (Lazzeri et Moustier, 2008). Par exemple, la température, le pH, la transparence de l'eau, la densité de la faune et de la flore aquatique, sont autant d'indicateurs pour évaluer la qualité d'un cours d'eau. Chacun a un rôle particulier à jouer dans le processus d'évaluation.

Dans la poursuite des objectifs de développement durable, un indicateur permet de structurer et de présenter des informations sur les enjeux socio-économiques et environnementaux essentiels ainsi que sur leurs tendances pour un territoire donné. Bien plus qu'une simple description de ces enjeux, un indicateur constitue un outil de synthèse et d'interprétation des données (Mascarenhas *et al,.* 2010). Ainsi, il permet d'estimer la nature et l'intensité des liens entre l'environnement et les activités anthropiques tout en évaluant le changement dû à la voie de développement choisie par nos sociétés (Mascarhenas *et al.,* 2010). Comme le souligne Bouni (1998), les IDD sont avant tout pour les chercheurs, politiciens, citoyens et décideurs, des outils de communication essentiels en vue de rendre compte des changements et d'entrevoir les conséquences de l'action ou de l'inaction. Ils ont pour principal objectif d'offrir une évaluation globale, dans une perspective à court et à long terme, du lien entre la nature et la société, et ce, afin d'assister les décideurs dans l'appréciation des actions à entreprendre ou non pour s'assurer de conduire la société vers un développement durable (Mitchell, 2000).

2.1.2. Indicateur synthétique

On obtient un indice ou indicateur synthétique lorsqu'une série d'indicateurs individuels est compilée en un seul index, suivant des règles méthodologiques bien définies. Les indices sont généralement utilisés à l'échelle internationale comme outil d'évaluation et d'analyse politique, notamment parce qu'ils facilitent l'interprétation et la comparaison des performances de différents pays dans un ou plusieurs domaines donnés (OCDE, 2008). Appliqués à l'échelle municipale, de tels indicateurs permettent d'illustrer des enjeux relativement complexes à l'instar du développement durable, en les rendant, entre autres, accessibles et compréhensibles aux différents acteurs locaux. Toutefois, de tels indicateurs pourraient aussi donner un signal politique erroné s'ils s'avéraient être mal construits ou mal interprétés. C'est pourquoi, les indices doivent être utilisés avec précaution (OCDE, 2008).

D'ailleurs leur utilisation ne fait pas toujours l'unanimité (voir Saisana et Tarantola, 2002). D'une part, ses préconisateurs défendent la nécessité de tendre vers des outils qui permettent un maximum de cohérence au niveau des pratiques municipales d'évaluation du développement durable afin de contribuer au portrait régional ou national (Morrey, 1997). En revanche, ses détracteurs soulignent son caractère réductionniste, qui pourrait induire à des conclusions simplistes au niveau politique ou à des mesures inappropriées lorsque certaines faiblesses sont masquées et compensées par de bonnes performances dans des domaines diamétralement opposés (Saisana et Tarantola, 2002).

2.1.3. Arbitrage entre sciences et politiques

L'élaboration d'indicateurs doit aussi tenir compte de l'arbitrage entre les objectifs scientifiques et politiques. Nous discuterons de la différence entre les approches scientifiques et politiques en matière d'évaluation du développement dans le chapitre 3. Dans cette section nous nous attardons uniquement sur la forme et le contenu des indicateurs selon ces deux approches.

Alors que les scientifiques viseront à obtenir une grande quantité d'informations, les données originalement disponibles doivent, d'une part, être condensées sous forme d'indicateurs et d'indices afin d'appuyer les décideurs, et d'autre part, être encore davantage simplifiées pour être diffusées publiquement (voir figure 2.1). Les scientifiques préfèrent ainsi une batterie d'indicateurs précis avec autant de variables que d'enjeux à mesurer. Les décideurs et les praticiens préfèrent deux niveaux d'indicateurs plus concis. Un premier niveau avec des indicateurs-clés pour un usage interne (ex. : transport, gestion de matière résiduelle, logement, etc.) et un niveau d'indicateurs plus synthétiques de manière à faciliter l'élaboration d'orientation générale en matière de développement durable et à rendre l'information plus accessible au public (usage externe).

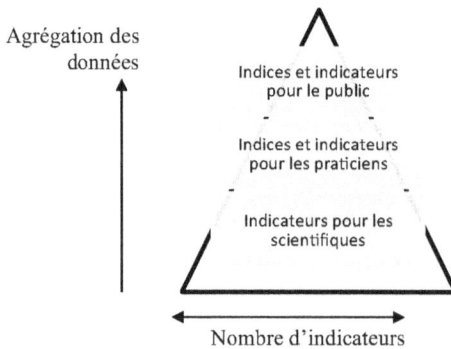

Figure 2.1 Nombre d'indicateurs et public visé

Bien que pertinent, un processus d'agrégation ou de simplification de l'information entraîne non seulement la perte d'une partie du pouvoir analytique mais renforce également la nature subjective des indicateurs. Par exemple, deux organisations construisant des indices de développement durable à partir d'une même liste d'indicateurs choisis, pourront arriver à des conclusions diamétralement opposées si les pondérations et les méthodes d'agrégation des indicateurs sont différentes. Kahn (2006) se penche sur ce problème en soulignant qu'il n'existe pas de méthodes ou de critères universels consentis par tous afin de sélectionner et de pondérer les indicateurs constituant un indice. Par contre, bien qu'ils ne soient pas parfaits, les indicateurs ou indices de développement durable bien construits, considérant toutes les facettes du développement durable, ne pourront que contribuer à son appréhension et à la mitigation des problèmes identifiés (*Ambiante Italia Research Institute*, 2003).

2.1.4. Accessibilité et disponibilité des données

Les contraintes d'accessibilité et de disponibilité des données peuvent aussi constituer des problèmes récurrents, particulièrement lorsqu'on travaille au niveau des villes ou des municipalités. Cette réalité oblige parfois le recours à des indicateurs qui ne sont pas nécessairement les plus efficaces lorsqu'il s'agit de cerner le développement durable à l'échelle locale. Par exemple, la vitesse des autobus peut être proposée comme un indicateur d'efficacité des transports collectifs (Basiago, 1999). Or, il est démontré que les villes où ils circulent le plus rapidement sont celles qui sont les plus étalées et où les transports collectifs sont les moins performants et les moins utilisés. Les contraintes d'accessibilité et de disponibilité des données peuvent également conduire à ignorer des enjeux importants ou à attribuer des valeurs régionales approximatives à des indicateurs locaux. Enfin, ils peuvent contraindre à l'utilisation de méthodes d'analyse, d'agrégation ou de pondération parfois moins efficaces ou avec une moindre valeur scientifique (OCDE, 2008).

2.1.5. Agrégation

On peut généralement définir l'agrégation comme étant un processus de sommation de variables en vue de construire une mesure représentative des valeurs de ses différentes composantes. Cette opération est importante dans le cadre de la transformation des indicateurs en un outil d'information accessible à un grand nombre d'utilisateurs potentiels (ex.: décideurs, société civile).

Il existe plusieurs formes d'agrégation. Parmi les plus courantes, notons : i) l'agrégation spatiale; ii) l'agrégation temporelle et iii) l'agrégation thématique. La première consiste à définir des valeurs de synthèse lorsqu'on passe d'une échelle inférieure à une échelle supérieure. Par exemple, on peut déterminer l'achalandage des transports en commun dans une région métropolitaine donnée en utilisant les données pour chaque ville ou ville qui la compose. La deuxième consiste à synthétiser des valeurs mesurées sur une courte période de temps par des valeurs de synthèse mesurées sur une plus longue période. Par exemple, l'indice de la qualité de l'air présenté sur une base annuelle est une agrégation des données recueillies sur une base quotidienne. La troisième forme d'agrégation vise à regrouper des indicateurs appartenant à des thématiques différentes et n'ayant pas nécessairement des unités compatibles ou communes. Cette dernière forme d'agrégation est sans doute la plus courante dans les initiatives de production d'IDD. On peut la décomposer en deux ensembles de méthodes méritant d'être abordées : les méthodes d'agrégation additive et les méthodes d'agrégation non-compensatoire (OCDE, 2008).

Dans le cas des méthodes d'agrégation additive, un faible score pour un indicateur donné peut être compensé par un excédent dans un autre indicateur au moment de l'agrégation. Suivant cette logique, il suffirait qu'une ville, ayant par exemple un mauvais score en matière de consommation d'eau, ait un score très élevé en matière de gestion des déchets pour que l'indicateur agrégé résultant soit élevé. Cette méthode d'agrégation sera présentée plus en détail dans la section méthodologique du chapitre 3 du présent ouvrage.

En revanche dans le cas des méthodes d'agrégation non-compensatoire, les valeurs des scores ne sont pas prises en compte. Autrement dit, les indicateurs sont traduits sur une échelle ordinale pour éviter que l'agrégation soit influencée par des valeurs aberrantes (OCDE, 2008).

Les méthodes d'agrégation non-compensatoire les plus courantes sont généralement basées sur des règles de classement. Ces règles consistent à attribuer un rang à chaque indicateur, de sorte que le résultat de l'agrégation ne considère que les rangs obtenus par les villes dans chacun des indicateurs. La principale critique à l'égard des règles de classement est le fait de masquer intentionnellement les performances exceptionnelles de certaines villes. En d'autres termes, de telles règles ne permettent pas de renseigner les villes sur l'ampleur des écarts entre elles ni sur celui des efforts qu'elles doivent déployer pour améliorer leur classement respectif.

Le choix d'une méthode d'agrégation est généralement complété par un autre niveau d'analyse afin de montrer les facteurs qui ont influencé les scores des indices. À ce stade, les outils graphiques sont généralement préconisés (OCDE, 2008). Parmi ces outils, les diagrammes en radar permettent de bien représenter les différentes composantes d'un indice. Ils permettent de montrer sur un même graphique la valeur de plusieurs indicateurs (qui composent l'indice) représentés par des axes distincts commençant au centre du graphique et se terminant sur l'anneau extérieur. La courbe résultante permet ainsi d'identifier la contribution de chaque indicateur à l'indice.

2.1.6. Pondération

La pondération consiste à accorder un coefficient plus ou moins important à un indicateur selon l'importance qu'on lui accorde dans une dimension ou un enjeu donné du développement durable. Elle se construit généralement à partir de méthodes statistiques ou au moyen du jugement d'un panel d'experts et de praticiens (Géniaux, 2006).

Parmi les méthodes statistiques utilisées, l'analyse en composante principale (ACP) mérite d'être soulignée. Elle permet de réduire un grand nombre d'indicateurs à deux ou trois axes principaux sur la base des tendances observées au niveau des villes. En outre, les indicateurs sont réduits à un nombre de composantes plus limité et hiérarchisé sans que l'information initiale ne soit perdue. La règle de pondération est alors fonction de la contribution de chacune des composantes principales pour l'enjeu ou le phénomène étudié.

Dans le cas où la règle de pondération reflète un consensus d'experts et de praticiens, une part importante de subjectivité est inévitablement introduite. La pondération risque notamment de favoriser les dimensions jugées prioritaires par le comité de travail. Ainsi, les environnementalistes mettront l'accent sur l'environnement, les économistes sur les questions socio-économiques, les groupes de consommateurs sur les questions d'équités sociales, etc.

Particulièrement dans un contexte où plusieurs territoires sont comparés, la pondération est une étape déterminante puisqu'elle peut influencer les classements. Elle introduit notamment deux problèmes complexes : i) la subjectivité du choix des composantes ou enjeux importants dans le processus d'évaluation et ii) le problème du double comptage.

Dans le premier cas, la subjectivité du choix des composantes importantes pourrait être évitée en utilisant une méthode statistique comme l'ACP. Par contre, celle-ci impose de nombreuses conditions méthodologiques souvent difficiles à respecter. Par exemple, pour réaliser une ACP sur 25 indicateurs de développement durable, il faudrait utiliser un échantillon d'au moins une centaine de villes. Cependant, un travail d'une telle ampleur se bute inévitablement aux problèmes d'accessibilité et de disponibilité des données. Dans bien des cas, l'utilisation d'une pondération équivalente s'avère être plus judicieuse. D'autant plus que la démarche d'agrégation et de pondération devrait, idéalement, demeurer simple afin de faciliter l'interprétation mais surtout l'utilisation des données comme outil d'aide à la décision (Singh *et al.*, 2009).

La question de pondération rappelle aussi les problèmes potentiels de double comptage d'indicateurs fortement corrélés. À ce stade-ci, on fait généralement appel à des matrices de corrélations où on établit des seuils de signification. Mais dans certains cas, la règle de double comptage ne s'applique pas. Par exemple, au niveau environnemental, l'utilisation du transport en commun et le taux de possession automobile sont généralement des indicateurs corrélés. Les deux indicateurs sont toutefois importants à retenir puisqu'ils permettent de refléter deux réalités distinctes. En effet, un individu ou un ménage peut très bien être en possession d'une automobile, ce qui augmente la probabilité qu'il en fasse usage. En revanche, celui-ci peut très bien utiliser régulièrement le transport en commun pour ses déplacements pendulaires.

Ceci dit, la subjectivité introduite par le choix de pondération et d'agrégation ne doit pas nécessairement aboutir au rejet de la validité de l'utilisation d'une grille uniforme d'IDD. Celle-ci doit simplement être réalisée avec transparence. De plus, l'élaboration d'IDD est un processus évolutif. Par exemple, en Belgique et en France, les IDD ont grandement évolué depuis les premières réflexions initiées vers la fin des années 1990 et les pratiques en cette matière continuent à être enrichies. Le nombre d'IDD, leur cadre organisationnel et leurs objectifs se sont notamment transformés au fil des années, si bien que leur contribution est devenue de plus en plus importante dans les politiques régionales.

2.2. Utilisation d'indicateurs de développement durable

Dans un autre ordre d'idées, il ne suffit pas de produire les indicateurs. Il faut aussi les diffuser et les utiliser. Aux enjeux liés à leur élaboration s'ajoutent alors d'autres enjeux relatifs à leur utilisation. Depuis le Sommet de la Terre en 1992, les gouvernements locaux ont répondu positivement à l'appel lancé par l'Agenda 21 à élaborer à l'échelle locale des stratégies de développement durable. Plusieurs d'entre eux se sont rués vers la mise en place d'indicateurs et ont élaboré leurs propres initiatives en la matière. Depuis, les systèmes d'indicateurs se sont multipliés. Dix ans après la signature en 1994 de la Charte d'Aalborg, une centaine de villes ont adopté, en 2004, «les engagements d'Aalborg», une nouvelle entente qui réitère la volonté unanime des autorités locales de créer des collectivités durables tout en offrant un cadre de référence collaboratif favorisant le partage des expériences. Bien que cette initiative ne concerne que les villes européennes, le mouvement a été suivi par plusieurs regroupements municipaux issus d'autres pays hormis le Canada et les États-Unis (Mascarenhas et al., 2010). Dans ces pays, les expériences municipales en matière d'indicateurs sont encore souvent isolées, si bien que leur utilisation, fonctions et conditions d'opérationnalisation sont encore peu développées comparativement au contexte européen.

2.2.1. Approches générales

La recherche sur les indicateurs comme outils d'évaluation du développement durable s'est beaucoup développé depuis la publication de « *In Search of Indicators of Sustainable Development* » (Kuik et Verbruggen, 1991) et le lancement de l'Agenda Local 21 (ci- après «A21 local») en 1992. Cet intérêt croissant est qualifié par plusieurs de véritable « industrie » d'indicateurs étant donné la popularité et la multitude de travaux publiés à ce sujet (voir Holman, 2009; Wilson *et al.*, 2007; Hezri et Hassan, 2006; King *et al.*, 2000).

On retrouve trois principales approches en matière de production d'indicateurs : i) la recherche d'indicateurs optimaux; ii) la recherche articulée sur leur usage et leur utilité et iii) la recherche intégrée combinant les deux précédentes (Holman, 2009).

La première approche regroupe les travaux qui considèrent généralement le développement durable comme un objet complexe qui nécessite l'utilisation de techniques et de méthodes scientifiques complexes en mesure de l'évaluer et d'en faire un suivi opérationnel (ex.: Tasser *et al.*, 2008; Niemeijer et de Groot, 2008; Hickey et Innes, 2008). Ils idéalisent les indicateurs en soulignant que, du fait de leur vertu scientifique, ils constitueraient des outils plus appropriés et précis pour alimenter les processus de décision politique. En outre, le pouvoir analytique des indicateurs est généralement surestimé. Pourtant, ils permettent essentiellement de condenser et de réduire des informations dans le but d'en faciliter la compréhension sans toutefois en compromettre la possibilité d'explorer des enjeux plus spécifiques.

La deuxième approche s'appuie sur des besoins particuliers pour justifier l'utilité et la création d'une grille d'IDD (voir Reed *et al.*, 2006; Gahin et *al., 2003*). En d'autres termes, elle regroupe les démarches qui tiennent compte de la demande en matière d'indicateurs avant de les produire. C'est une approche qui favorise un consensus entre plusieurs acteurs, parfois au détriment d'un système neutre et scientifiquement valide (Rametseiner *et al.*, 2009). Par exemple, en évaluant les impacts de l'application des IDD dans différentes villes, Gahin *et al.* (2003) observent que leur apport est surtout de nature intangible et difficile à mesurer : ils stimulent les débats, constituent un moyen d'éducation et de sensibilisation du public, encouragent l'approche multidisciplinaire et suscitent la démocratie participative en matière de planification du développement durable. Cependant, leurs bénéfices plus concrets, comme l'adoption de nouvelles stratégies, les changements positifs en matière de politique et d'allocation des ressources et la prise en compte des indicateurs dans les décisions, se font plus rares (Gahin *et al.* 2003).

La troisième approche, plus récente, regroupe les travaux qui tentent de concilier les deux visions précédentes, en reconnaissant leurs faiblesses respectives et en recherchant le meilleur compromis possible (Holden, 2006; Holman, 2009; Rametsteiner *et al.*, 2009). En effet, les expériences démontrent que la production d'IDD basée sur une démarche purement scientifique a tendance à ignorer ou à sous-estimer l'importance de la dimension politique. Ceci pourrait expliquer pourquoi ces indicateurs n'arrivent pas à obtenir une légitimité sociale auprès des décideurs politiques et de la société civile. D'un autre coté, l'approche basée sur la recherche d'un consensus politique ou public privilégie la participation de plusieurs parties prenantes en vue de définir des objectifs communs. Une telle démarche crée un biais au niveau du développement des indicateurs et introduit une grande part de subjectivité dénoncé par les scientifiques. En effet, le contenu et les priorités évoqués par les indicateurs dépendront des affiliations des experts mobilisés dans la démarche. Les tenants d'une approche alternative plaident donc pour une démarche par laquelle les indicateurs seraient à la fois scientifiquement valides et opérationnels. Leur opinion repose sur l'hypothèse selon laquelle la production d'IDD est à la fois un processus de production d'une connaissance, scientifique à la base, et d'élaboration d'une norme, politique et opérationnelle. Le concours de ces deux conditions contribuera à la reconnaissance et à la légitimité scientifique et sociale des indicateurs.

2.2.2. Approches en contexte municipal

Deux approches sont fréquemment préconisées : i) la comparaison entre villes au moyen d'une série d'indicateurs uniformes (Camagni, 2002) et ii) le tableau de bord, c'est-à-dire l'utilisation d'une série d'indicateurs propre à une ville en fonction des objectifs qu'elle s'est fixée (CQDD, 2003; Ville de Montréal, 2004).

2.2.2.1. Comparaison de villes

Cette approche en matière d'indicateurs permet aux gestionnaires municipaux de comparer leurs performances en matière de développement durable avec d'autres villes. Elle aboutit généralement à l'établissement d'un palmarès de ville ou essentiellement à identifier les points forts et les points faibles de chacun.

La comparaison des villes revient à faire un diagnostic des problèmes communs aux villes qui partagent les mêmes caractéristiques. De telles observations peuvent guider de manière très générale les stratégies et les interventions gouvernementales à l'échelle d'une province ou d'une région, notamment dans l'identification des priorités locales (Bell et Morse, 2008; Pastille, 2002; Coelho *et al.,* 2009).

Cette approche a aussi plusieurs inconvénients et l'adhésion à cette démarche n'est pas unanime. Pour Sénécal (2007), l'idée de faire un palmarès des villes du Québec en matière d'environnement urbain ou toute tentative similaire impliquerait trop de compromis au niveau méthodologique (territoires hétérogènes, données de différentes sources, enjeux territoriaux spécifiques, etc.). C'est d'ailleurs dans cette même perspective que nous avons consacré ce chapitre à la discussion des problèmes et des enjeux relatifs au développement d'une approche commune en matière d'indicateurs. Il est démontré que la recherche d'un compromis entre une légitimité scientifique et sociale est indispensable en matière d'IDD. Mais ce compromis ne doit pas conduire au rejet de la démarche, notamment parce que ses apports vont au-delà des objectifs pour lesquels les indicateurs sont construits. Par exemple, la production d'une grille d'IDD à l'échelle des villes permet d'observer que les statistiques existantes ne suffisent pas à mesurer les différents aspects du développement durable (Tanguay *et al*, 2009; Koller, 2006). D'autre part, en se comparant entre elles, les villes développeraient progressivement une attitude plus critique à l'égard de leurs propres initiatives. Elles seraient ainsi plus aptes à maintenir un certain niveau de performance et auraient tendance à éviter une attitude passive en se contentant de faire le «strict minimum». En d'autres termes, la concurrence inciterait les villes à se surpasser. Une approche d'évaluation commune permettant de comparer les villes entre elles favoriserait donc un apprentissage mutuel. Elle permettrait aussi de vaincre les réticences envers le changement et de créer un environnement plus réceptif aux nouvelles idées (EEA, 2001). Malgré que la démarche méthodologique soit quelque peu compromise, la finalité de l'approche comparative est surtout de donner un signal aux décideurs pour faire bouger les choses. Ainsi, les parties comparées ne se retrouveront pas toujours dans une situation à devoir « réinventer la roue » grâce à un portrait uniforme favorisant le partage des expériences (EEA, 2001).

2.2.2.2. Tableau de bord

Le tableau de bord consiste à identifier une série d'indicateurs qui permettent à une ville de cerner des enjeux prioritaires de développement durable. Il s'agit de l'approche la plus privilégiée par les gestionnaires municipaux puisqu'elle peut être ajustée en fonction des préoccupations et des caractéristiques propres à chaque territoire (Bell et Morse, 2008). Les villes ont d'ailleurs tendance à développer leurs propres indicateurs selon leurs besoins particuliers. Cette attitude s'inscrit dans une logique légitime qui prône la diversité d'outils face à la diversité de situations et d'acteurs (Bouni, 1998). Cependant, elle entraîne une multiplication des indicateurs, de plus en plus spécifiques à chaque ville, parfois s'éloignant des principes de développement durable pour servir à défendre les politiques des autorités en place.

Cette approche permet toutefois à une ville de mesurer son évolution dans le temps. À titre d'exemple, au Québec, le Centre québécois de développement durable (CQDD) a créé un « tableau de bord sur l'état de la région du Saguenay-Lac-Saint-Jean » en 2002. L'objectif était avant tout de se pourvoir d'un outil qui rend compte de l'état de la région dans les domaines du développement humain, culturel, environnemental, social et économique ainsi qu'en matière de gestion des ressources et du territoire. 40 indicateurs on été choisis grâce aux recommandations de plusieurs acteurs régionaux et experts consultés. Ils répondent adéquatement aux objectifs visés à l'intérieur de chaque domaine du développement durable. De plus, les indicateurs sont réévalués périodiquement. Autrement dit, ils reflètent une tendance générale qui émet en bout de ligne un signal aux décideurs en ce qui a trait aux priorités futures en matière de développement durable à une échelle régionale (CQDD, 2003). Tout en reconnaissant que chaque ville devrait avoir ses propres indicateurs, Valentin et Spangenberg (2000) soulignent cependant la nécessité de tendre vers une structure commune afin d'établir un minimum de cohérence au niveau de l'évaluation du développement durable entre les villes. Cette exigence permettrait d'éviter l'instrumentalisation des indicateurs dans un marketing territorial.

2.3. Pistes de solutions

Les problèmes relatifs à l'élaboration et à l'utilisation d'indicateurs sont largement dus à l'absence de consensus aux niveaux conceptuel, méthodologique et opérationnel du développement durable et de sa mise en œuvre. Nous avons évoqué certains de ces problèmes, particulièrement ceux qui sont les plus discutés dans les milieux académique et professionnel et qui confirment la difficulté de produire et de diffuser les IDD en contexte municipal.

La pertinence d'élaborer des outils d'information et de suivi au niveau local ou municipal est toutefois largement reconnue (Mascarenhas *et al.*, 2010, Scipioni *et al.*, 2008, Camagni, 2002). En effet, cette échelle représente le niveau de gouvernance le plus proche des citoyens et joue en conséquence un rôle important dans la promotion du développement durable et dans la mise en œuvre des politiques nationales et infranationales.

Parmi les nombreuses solutions possibles, un courant scientifique propose de tendre vers l'homogénéisation des expériences municipales « dans le but de faciliter les comparaisons et les agrégations d'une échelle décisionnelle à l'autre (…)» (Bouni, 1998, p. 19). Elle est d'autant plus nécessaire qu'elle permet d'assurer une certaine cohérence et semble également être « un des rares moyens dont on dispose pour combler le fossé (…) entre théorie et pratique dans le domaine du développement durable» (Theys, 2001, p. 273).

Cette homogénéisation ne peut toutefois résoudre qu'une petite partie du problème, soit celui de rendre les expériences municipales minimalement comparables. Les contraintes méthodologiques liées à un tel exercice en matière d'IDD en fait un outil d'information imprécis et approximatif. Il n'en reste pas moins que son rôle incitatif en fait un outil de promotion du développement durable non-négligeable. Ses apports sont donc généralement difficiles à mesurer. Par exemple, ils stimulent les débats, constituent un moyen d'éducation et de sensibilisation du public, encouragent l'autocritique des responsables municipaux, favorisent le partage des connaissances, etc. Nous préciserons ces apports dans la conclusion du présent ouvrage.

Par ailleurs, l'élaboration d'IDD doit rechercher un compromis entre une base scientifique s'appuyant sur des modèles empiriques et des méthodes statistiques éprouvées, ainsi que sur une base opérationnelle compréhensive et accessible pour leur garantir une certaine notoriété (Kuilk et Verbruggen, 1991). Cette étape sera discutée davantage au chapitre 3.

Enfin, une grille uniforme d'IDD à l'échelle municipale serait un moyen permettant de garantir un minimum de cohérence entre les outils d'informations et de suivi du développement durable des villes. Nous validerons cette hypothèse en comparant au chapitre suivant les 25 plus grandes villes du Québec à l'aide d'une grille uniforme d'IDD.

CHAPITRE 3

APPLICATION AUX 25 PLUS GRANDES VILLES DU QUÉBEC

Ce chapitre servira d'illustration à l'élaboration et à l'utilisation d'une grille uniforme d'indicateurs de développement durable. Il rapporte l'application d'une grille d'indicateurs environnementaux et socio-économiques aux 25 plus grandes villes du Québec et les interprétations permises par l'analyse des performances observées qui en découlent. Nous démontrons alors qu'il existe généralement une asymétrie entre les performances environnementales et socio-économiques des villes. Les villes-centres compensent un faible résultat sur le plan socio-économique par une meilleure performance environnementale. L'inverse est observé chez les villes de banlieue et les villes régionales. Finalement, nous terminons par une analyse-graphique utilisant les diagrammes en radar pour identifier les principaux facteurs qui influencent ces observations. En outre, ces diagrammes offrent un aperçu des domaines où les villes sont plus entreprenantes et où elles gagneraient à adopter rapidement des mesures de « rétablissement ».

3.1. Du concept aux indices

L'utilisation d'une grille uniforme d'IDD pose divers impératifs. Elle oblige en premier lieu à traduire le concept de développement durable en indicateurs mesurables. Selon Boulanger (2004), cette première étape comporte quatre phases de transposition : i) du concept en dimensions; ii) des dimensions en indicateurs; iii) des indicateurs en mesures et iv) des mesures en une analyse interprétative. Elle contraint aussi à distinguer les villes selon leurs caractéristiques communes et à clarifier la pertinence de travailler à cette échelle.

3.1.1. Du concept aux dimensions

L'existence d'une multitude de définitions, accentuée par l'absence de consensus entre chercheurs, praticiens et décideurs ne facilite pas la conceptualisation du développement durable. Comme nous l'avons souligné dans le premier chapitre, ce dernier est toutefois largement admis comme étant un paradigme alternatif face aux arguments opposants les tenants de la croissance économique à ceux de la protection de l'environnement, et ce, pour satisfaire les besoins actuels et futurs des sociétés. Cette tentative de réconciliation a fait des préoccupations environnementales, économiques et sociales, les trois axes fondamentaux du développement durable. Si la recherche du point d'équilibre absolu entre ces trois axes de développement demeure un objectif abstrait qui n'est ni mesurable, ni quantifiable, il faudra toutefois s'assurer de minimiser l'asymétrie entre les performances environnementales, sociales et économiques (Connelly, 2007).

Dans un contexte municipal, il existe deux perspectives distinctes couramment associées au développement durable qui sont pourtant complémentaires (voir Bell et Morse, 2008; Parkinson et Roseland, 2002). La première associe le développement durable à la viabilité des ressources naturelles et à l'importance d'adopter des mesures visant à réduire les impacts sur l'environnement (Parkinson et Roseland, 2002). La seconde se rapporte aux conditions socio-économiques et implique essentiellement la création de conditions favorables à l'implantation des ménages (Newman, 2006; Parkinson et Roseland 2002; Fédération canadienne des municipalités, 2004).

Dans le but de rendre compte de ce contexte, nous avons adapté le schéma tridimensionnel du développement durable en distinguant une branche socio-économique, qui regroupe les dimensions sociale et économique, et une branche environnementale. Ce schéma dualiste du développement durable se prête bien à l'analyse du contexte municipal. En effet, il permet d'identifier les villes qui présentent une asymétrie entre les deux dimensions, ce qui guiderait ultimement les politiques municipales vers des objectifs environnementaux ou socio-économiques en fonction des performances observées. De plus, il permet de dégager des tendances générales susceptibles d'appuyer un diagnostic quant à l'étendue de l'emploi et des interprétations faites du concept.

3.1.2. Des dimensions aux indicateurs

Chacune de ces dimensions peuvent se décliner en plusieurs domaines, et chaque domaine, en plusieurs sous-domaines. Par exemple, dans la branche environnementale, on peut s'intéresser à la question de l'air, et à ce chapitre, on peut discuter de la qualité ou de la pollution de l'air. Finalement, ce dernier point peut lui-même être envisagé sous l'angle du secteur de l'industrie ou celui du transport, qui, en dernier lieu, recouvre les notions de transport routier et aérien, de véhicules légers, de véhicules lourds, etc.

Plus l'enjeu qu'on cherche à appréhender est complexe, plus grand est le nombre d'indicateurs nécessaires (Boulanger, 2004). Par exemple, pour informer sur la qualité d'un plan d'eau, on a généralement recours à différents indicateurs comme la concentration de polluants chimiques, la transparence de l'eau, l'odeur, la santé de la faune et de la flore aquatiques, la salubrité des berges, etc.

3.1.2.1. Enjeux d'utilité

Le choix d'un ou de plusieurs indicateurs pour informer sur un thème ou un sous-domaine donné doit tenir compte de leur utilité. En tant qu'outils informatifs, les indicateurs visent à quantifier et synthétiser des phénomènes complexes relevant des dimensions constitutives du développement durable et à organiser l'information pour lui donner un sens politique (Bouni, 1998). En effet, au niveau municipal, les indicateurs doivent permettre de poser un diagnostic environnemental et socio-économique en vue d'appuyer les stratégies de développement durable projetées. Une grille d'indicateurs de base est donc essentiellement un système d'informations à usage politique. Dans ce sens, les informations qu'elle véhicule doivent être organisées de manière à ce qu'elles franchissent le « monde de la recherche et de la science pour être intégrée à celui de la politique » (Bouni, 1998, p.21). Une grande partie de subjectivité est donc nécessairement introduite compte tenu du fait que les indicateurs retenus dépendent, malgré l'utilisation de critères de sélection rigoureux, des utilisateurs visés et des objectifs liés à l'échelle d'analyse. La procédure de production d'indicateurs est donc intimement liée à la demande d'informations. En outre, malgré la diversité des villes, il est possible d'identifier une série d'indicateurs de base qui peuvent s'appliquer à l'ensemble d'entre elles (Mascarenhas *et al.*, 2010). Une telle démarche doit cependant se faire avec certaines précautions, particulièrement dans un contexte municipal.

D'une part, les indicateurs ne sont pas les seuls outils permettant d'évaluer le développement durable d'un territoire (voir notamment Ness *et al.*, 2007 pour une discussion et une comparaison entre les différentes familles d'outils). D'autre part, comme n'importe quel outil, ils ont des avantages et des limites. Ils ne permettent pas, entre autres, de rendre compte de l'impact d'un changement de politique ni de l'implantation d'un projet structurant, par exemple pour une ville, à moins d'être conçus pour évaluer strictement les actions et les programmes gouvernementaux. Ils deviendraient alors des indicateurs de suivi de programmes ou d'actions (Ness *et al.*, 2007). Ils ne permettent pas non plus de suivre les flux de matériaux ou d'énergie que permettraient, par exemple, des outils d'analyse du cycle de vie d'un bien ou d'un service donné (Harger et Meyer, 1996). En outre, ils ne peuvent pas remplacer des outils essentiels comme l'analyse coût-bénéfice, l'analyse de risque et de vulnérabilité ou l'analyse dynamique de système (Ness *et al.*, 2007), tous aussi essentiels les uns que les autres dans une perspective de développement durable.

D'autre part, ils sont généralement reconnus pour leur caractère simple et leur efficacité analytique pour des données quantitatives relevant généralement des trois piliers du développement durable (Ness *et al.*, 2007). Une grille uniforme d'indicateurs peut jouer un rôle important de système d'informations en s'assurant que l'évaluation établie à une échelle nationale ou régionale puisse réellement refléter les valeurs et les préoccupations identifiées à une échelle locale ou municipale (Mascarenhas *et al.*, 2010). Contrairement aux statistiques officielles tenues par les administrations publiques locales, les indicateurs « se veulent autant un instrument d'évaluation démocratique qu'un outil de gestion aux mains des seules autorités » (Boulanger, 2004). À cet égard, ils remplissent généralement deux fonctions. Ils constituent une base d'informations pour la prise de décision politique (usage interne pour les villes), ils contribuent à l'élaboration d'un langage commun recouvrant la notion de développement durable et de ses dimensions constitutives, au-delà des indicateurs propres au contexte de chaque ville (usage externe pour toutes les catégories d'utilisateurs potentiels). Sur certains indicateurs, la ville a donc un pouvoir structurant, tandis que, sur d'autres, elle n'a aucune influence. Nous reviendrons sur ce point un peu plus tard.

3.1.2.2. Enjeux liés aux contraintes d'observation et de mesures

Outre les enjeux d'utilité, la sélection d'indicateurs de développement durable est aussi limitée par des contraintes d'observations et de mesures. En fait, plusieurs compromis inévitables limitent la portée des indicateurs et leur font perdre de leur objectivité, parfois de leur crédibilité. Par exemple, on doit prendre en compte la demande d'information concise des utilisateurs, obtenir des résultats basés sur une démarche méthodologique cohérente, tenir compte de l'offre de données, etc.

Dans un exercice scientifique, ce compromis se traduit souvent par l'utilisation d'indicateurs moins nombreux et moins explicites pour lesquels les données de calculs sont toutefois disponibles à l'échelle d'analyse souhaitée. Prenons l'exemple de la pauvreté. Elle est couramment mesurée à l'aide d'un ou plusieurs indicateurs relatifs au revenu, aux charges et au logement des individus ou des ménages, puisque les données statistiques y référant sont facilement accessibles. Pourtant, en plus de la dimension matérielle (ex.: revenus, logement), la pauvreté est caractérisée par des dimensions sociale et culturelle (par ex. reliées à des questions d'exclusion et d'éducation) et pour lesquelles il existe plusieurs autres indicateurs tout aussi pertinents dont les mesures, si elles sont disponibles, nécessitent parfois des calculs ou des ajustements plus complexes (Boulanger, 2004).

3.1.3. Des indicateurs aux mesures

Une fois définis et organisés à l'intérieur de chaque dimension, les indicateurs doivent être mesurés. Comme ils recoupent des domaines variés, ils peuvent être quantitatifs, semi-quantitatifs ou qualitatifs. De plus, l'interprétation des données relatives à l'une ou l'autre des dimensions environnementale et socio-économique est influencée par le fait que les indicateurs ne sont pas mesurés dans des unités comparables. Finalement, les données ne sont pas toujours mesurées sur des échelles spatiales et temporelles compatibles. Il devient alors nécessaire de standardiser les unités et les échelles de mesure, ce qui implique une perte d'information considérable.

3.1.4. Des mesures aux indices

Pour que les indicateurs puissent servir aux processus de décision politique, leur nombre doit être réduit, et la grille ou le système d'indicateurs simplifié (Reed *et al.*, 2006). En ce sens, une opération d'agrégation devient indispensable. Cependant, l'agrégation d'un grand nombre d'indicateurs en une ou quelques composantes ne fait pas toujours l'unanimité comme nous l'avons discuté dans le chapitre 2. Ses détracteurs soulignent le caractère réductionniste de toute forme d'agrégation. Ils dénoncent le fait que celle-ci pourrait induire à des conclusions simplistes au niveau politique ou à des mesures inappropriées, notamment lorsque certaines faiblesses sont masquées et compensées par de bonnes performances dans d'autres domaines (Sharpe, 2004; Saisana et Tarantola, 2002). En revanche, ses préconisateurs défendent la nécessité de tendre vers des outils d'analyse globale qui permettent un minimum de cohérence quant aux systèmes d'informations sur le développement durable, et ce, d'une ville à l'autre et d'une échelle décisionnelle à une autre (Morrey, 1997).

Dans un contexte municipal, compte tenu des contraintes imposées par une part relativement importante de subjectivité au niveau de la sélection des indicateurs, par l'offre de données disponibles et par une perte d'information lors de la standardisation, les mesures gagneraient à être agrégées dans une branche environnementale et une branche socio-économique. Leur efficacité analytique consisterait ainsi à identifier les villes qui présentent des asymétries entre les deux branches et qui, devraient prioriser, selon le cas, soit leurs engagements socio-économiques, soit leurs engagements environnementaux, dans une perspective de développement durable. La finalité de cette démarche vise à s'assurer que le développement durable, dans un contexte municipal, est communément compris et interprété comme étant tout autant la recherche d'une qualité de vie que celle d'une réduction des impacts sur l'environnement.

Pour les décideurs municipaux, cette information permet d'orienter les politiques vers des axes prioritaires en fonction des résultats observés. De plus, cette information peut aider d'autres utilisateurs (i.e. des citoyens, des groupes de citoyens, des entreprises, des organismes communautaires, etc.) à définir leurs engagements sociaux et/ou écologiques tout en leur permettant de comprendre et, par là même, d'influencer les initiatives politiques au nom d'une démocratie participative. Enfin, à une échelle décisionnelle supérieure, cette information peut alimenter une stratégie de développement durable plus globale et servir de critère de base pour guider, par exemple, les financements accordés aux administrations municipales dans une vraie perspective de développement durable.

3.1.5. La ville comme échelle d'analyse

Il est reconnu que les outils d'information ou d'évaluation, à l'instar des indicateurs, sont souvent plus opérationnels lorsqu'ils sont élaborés et utilisés à une échelle locale (Reed *et al.*, 2006). En effet, c'est à cette échelle que les politiques se traduisent formellement en action, ce qui place les villes comme étant des acteurs de premier plan dans la mise en œuvre des principes de développement durable. L'efficacité démontrée des politiques à une échelle locale n'enlève en rien la pertinence ni l'efficacité des politiques élaborées à une échelle supérieure. Cependant, ces dernières gagneraient à ce que des initiatives existent et soient cohérentes à l'échelle locale pour que leurs actions puissent avoir plus d'impacts et être plus ciblées.

Le choix de la ville comme échelle d'analyse est avant tout guidé par le fait qu'elle délimite un territoire administratif pour laquelle il existe un pouvoir structurant. Par exemple, au Québec les villes ont des pouvoirs structurants en matière économique, sociale et environnementale en ce qu'elles peuvent influencer l'un ou l'autre des domaines qui y sont rattachés (FQM, 2007). Ces pouvoirs sont toutefois limités. Par exemple au niveau social, les villes ont la responsabilité d'assurer les besoins essentiels de ses résidents, de favoriser la disponibilité et l'accessibilité aux différents services et à garantir la santé et la sécurité de ses citoyens (FQM, 2007). En revanche, elles n'ont pas d'influence directe sur l'état de santé des citoyens ou encore sur leur niveau d'éducation.

Comme le développement durable, par son caractère multithématique et interdisciplinaire, implique plusieurs acteurs, le rôle d'un système d'indicateurs va au-delà de l'utilisation interne de l'administration municipale. Il constitue un système d'informations partagées par un ensemble d'acteurs pour identifier des objectifs communs, et ce, en vue de définir des actions distinctes selon les responsabilités et les compétences de chacun. Un système d'IDD sert donc généralement à déclencher des discussions et à des groupes de travail (Holman, 2009; Bell et Morse, 2008; Reed *et al.* 2006). Comme nous l'avons souligné au chapitre 2, c'est l'une des raisons pour lesquelles un système ou une grille d'indicateurs peut inclure des informations sur lesquelles la ville a une influence directe ou non dans le cadre d'une perspective de développement durable. Dans ce dernier cas, l'information reste indispensable puisqu'elle peut jouer un rôle dans la prise de décision politique ou dans un contexte où on rassemble plusieurs intervenants à une même table.

Enfin, malgré la diversité des villes, le développement durable doit être communément perçu et considéré de manière à favoriser une bonne qualité de vie tout en minimisant les impacts sur l'environnement. En ce sens, l'élaboration d'une grille uniforme d'indicateurs se présente comme étant un moyen de rapprocher les villes vers cette perspective en dépit de la subjectivité imposée par ce genre d'exercice.

3.2. Quelques éléments de méthodologie

Ceci étant dit, la pertinence et la robustesse d'une grille d'indicateurs, tout comme son interprétation, dépendent avant tout d'une approche méthodologique bien élaborée. Chaque étape relative à son élaboration et son utilisation doit être suffisamment transparente afin de donner un sens à l'interprétation et d'en garantir une certaine validité. Cette première visée devra notamment tenir compte de plusieurs directives (Singh *et al.*, 2009; OCDE, 2008). Selon l'OCDE, toute démarche de production d'une grille d'indicateurs devrait, sans s'y limiter, inclure : i) une définition de la structure du système proposé et de ses objectifs; ii) une sélection parcimonieuse d'indicateurs; iii) une compilation des données; iv) un traitement des données; v) un choix de méthode d'agrégation des indicateurs individuels; vi) un choix de mode de présentation et d'interprétation des résultats et vii) des tests de robustesse (OCDE, 2008).

En guise d'illustration, nous avons pris l'exemple des 25 plus grandes villes du Québec. Celles-ci correspondent globalement aux villes de 40 000 habitants et plus. Cette échelle d'analyse a été retenue de façon à distinguer trois catégories de villes différentes. Les villes-centres, c'est-à-dire les villes constituant le cœur d'une agglomération urbaine (Montréal et Québec); Les villes faisant partie de la région métropolitaine de Montréal ou de Québec, dites « de banlieue »; Et les

55

villes se trouvant à l'extérieure des deux régions métropolitaines, dites
« régionales » (voir Tableau 3.1).

Tableau 3.1

Liste des 25 plus grandes villes du Québec en 2008

Catégorie	Villes	Population (2008)
Villes centres	Montréal	1659962
	Québec	502119
Ville de banlieue	Laval	376425
	Longueuil	234352
	Lévis	132851
	Terrebonne	96795
	Repentigny	77744
	Brossard	72707
	Dollard-des Ormeaux	49940
	Blainville	47504
	Saint-Eustache	42944
	St-Jean-sur-Richelieu	89388
	Châteauguay	43618
Villes régionales	Gatineau	247526
	Saguenay	146641
	Trois-Rivières	128941
	Sherbrooke	150751
	Drummondville	68841
	Saint-Jérôme	65048
	Granby	60617
	Shawinigan	52865
	Saint-Hyacinthe	52713
	Rimouski	43097
	Victoriaville	41316
	Rouyn-Noranda	40748

Par ailleurs, nous nous sommes restreints à ce seuil pour diverses raisons
pratiques. D'une part, nous nous assurons de minimiser l'influence des facteurs
« externes ». Il s'agit notamment de facteurs politiques (ex. mode de
gouvernance), socioéconomiques (ex. structure économique) et culturels

différents et difficiles à rendre compte dans le cas de villes de pays différents. D'autre part, nous nous assurons d'accéder aux données correspondant aux indicateurs qui seraient moins accessibles pour des villes de plus petite taille. Finalement, les villes choisies contiennent plus de 80% de la population québécoise et constituent ainsi les principaux territoires aux prises de problèmes sociaux et environnementaux imputables au développement et à la croissance urbaine.

3.2.1. Définition et objectif de la grille d'indicateurs proposée

D'un point de vue conceptuel, nous proposons une grille d'IDD divisée en deux branches thématiques. Nous distinguons, d'une part, les indicateurs relatifs à la aux préoccupations environnementales et, d'autre part, les indicateurs relatifs aux conditions socio-économiques favorisant l'implantation des ménages dans la ville (ex.: la sécurité, la santé, le système d'éducation, la possibilité d'emploi, le choix de logements). Tel que discuté dans les sections précédentes, il s'agit des deux perspectives qui sont les plus couramment associées au développement durable au niveau des villes et qui, pourtant, relèvent d'une complémentarité (voir Bell et Morse, 2008 pour une discussion à ce sujet). L'efficacité analytique de la grille ainsi configurée réside en ce qu'elle permet de dégager des tendances générales de soutien aux décideurs et de présenter une information aux autres parties prenantes, comme les citoyens, afin qu'ils puissent apporter leur part de contribution dans l'atteinte des objectifs de développement durable.

3.2.2. Choix et sélection des indicateurs

Aux fins d'illustration, le choix d'indicateurs est basé sur la méthode de sélection appliquée dans Tanguay *et al.* (2009). Il consiste à choisir une liste parcimonieuse d'indicateurs parmi 188 indicateurs recensés dans une sélection d'articles et d'études portant sur les IDD. Les indicateurs y sont choisis selon trois critères permettant d'en réduire le nombre jusqu'à un effectif optimal. Ces critères sont : i) la fréquence d'utilisation et un consensus maximal; ii) la couverture exhaustive des volets du développement durable et de leurs sous-catégories et iii) l'opérationnalisation facilitant la collecte des données, leur compréhension et leur diffusion.

Cet effectif optimal est ainsi le résultat de l'union entre les indicateurs les plus fréquemment utilisés et ceux permettant d'inclure le plus largement possible les dimensions du développement durable et les catégories qui les composent. En tout, 29 IDD sont identifiés. Leur pertinence et leur utilité ont donc déjà été maintes fois démontrées et ils couvrent le plus largement possible les sous-domaines constituant les branches environnementale et socio-économique du développement durable (Tanguay *et al.*, 2009).

Parmi les 29 indicateurs proposés par Tanguay *et al.* (2009), nous en retenons 20 pour les fins de cet ouvrage, soit pour des raisons de disponibilité des données, soit à cause d'une forte corrélation entre certains indicateurs. Ainsi, nous avons d'abord écarté l'empreinte écologique, le coût de la vie, le taux de participation aux audiences publiques et la population exposée au Lnight > 55dB (A) puisque les données sont inexistantes pour l'échelle d'analyse. Nous avons ensuite écarté le nombre d'entreprises avec une certification environnementale et les émissions de gaz à effet de serre excluant le transport à causes de plusieurs données manquantes. Nous avons également exclu la consommation d'énergie annuelle de source renouvelable compte tenu que les données pour l'échelle d'analyse sont inaccessibles. Enfin, l'absence ou la présence d'initiatives soulignant le développement durable n'a pas été retenue puisque toutes les villes sélectionnées possèdent déjà une forme de stratégie en matière de développement durable.

D'autre part, pour s'assurer de prévenir tout éventuel problème relié au double comptage ou à la surreprésentativité d'un ou de plusieurs indicateurs, nous avons généré une matrice de corrélation des 21 indicateurs restants. L'indicateur « population recevant des prestations sociales » est écarté en raison d'une très forte corrélation avec : i) le taux de chômage en pourcentage de la population active de 15 ans et plus (coef. corr. : 0,97); ii) le taux d'activités (coef. corr. : - 0,74) et iii) le revenu médian des ménages (coef. corr. : - 0,61). Ces trois variables sont retenus parce qu'elles rendent compte non seulement de l'état du marché local du travail, mais aussi de la condition sociale de la population résidente selon la catégorie des villes, et ce, malgré des coefficients de corrélation élevés (coef. corr. : - 0,73 entre le taux de chômage et le taux d'activité, coef. corr. : - 0,62 entre le revenu médian des ménages avec le taux de chômage et coef. corr. : 0,77 entre le revenu médian des ménages avec le taux d'activités). Au niveau environnemental, l'utilisation du transport en commun et le taux de possession automobile sont fortement corrélés (coef. corr. : - 0,89). Les deux variables sont toutefois maintenues puisqu'elles reflètent, selon nous, deux réalités distinctes. En effet, un individu ou un ménage peut très bien posséder une automobile, ce qui augmente la probabilité qu'il en fasse usage. En revanche, il peut très bien utiliser régulièrement le transport en commun. La densité de population est fortement corrélée avec les deux variables précédentes. Mais celle-ci est également maintenue compte tenu qu'elle peut refléter d'autres enjeux comme l'étalement urbain, enjeu que ni l'utilisation du transport en commun, ni le taux de possession d'automobile ne peuvent exprimer. Enfin, malgré un coefficient de corrélation de – 0,74, la quantité de matières résiduelles et le taux de recyclage sont retenus en l'absence d'une relation de cause à effet. Les 20 indicateurs retenus sont présentés au tableau 3.2.

Tableau 3.2

Description des indicateurs de développement durable

Indicateur	Description
Revenu des ménages	Revenu médian en dollars canadien de 2005 de la population active de 15 ans et plus
Écart entre les plus riches et les plus pauvres	Ratio entre la population ayant un revenu de plus de 60 000$ et la population ayant un revenu de moins de 20 000$
Dépenses des ménages pour le logement	Pourcentage des ménages dépensant 30% ou plus de leur revenu pour le logement
Niveau d'éducation de la population	Pourcentage de la population de 25 à 64 ans ayant au moins un diplôme d'études secondaires
État de santé de la population	Pourcentage de la population de 12 ans et plus déclarant se sentir en « excellente santé » durant la période 2005-2006
Taux de chômage	Taux de chômage en pourcentage de la population active de 15 ans et plus selon le recensement de 2006
Taux d'activité	Taux d'activité en pourcentage de la population totale de 15 ans (2006)
Taux de participation à la vie politique	Taux de participation de la population de 18 ans et plus aux élections municipales de 2005
Taux de criminalité	Nombre d'infractions au code criminel pour 100 000 habitants (2006)
Densité de la population urbaine	Ratio entre la population totale et la superficie du territoire de la municipalité en 2005
Consommation résidentielle d'eau	Consommation annuelle moyenne d'eau par habitant en 2006
Superficie des espaces naturels de conservation	Pourcentage des espaces naturels par rapport à la superficie totale de la municipalité en 2006
Qualité des cours d'eau	Pourcentage des cours d'eau ayant une qualité jugée « excellente » en 2004
Qualité de l'air	Pourcentage du nombre de jour où la valeur de l'Indice de la qualité de l'air a été « mauvaise » en 2007
Motorisation de la population	Nombre d'autos et de camions légers de moins de cinq places par habitant en 2008
Utilisation du transport en commun	Pourcentage de la population active de 15 ans et plus se déplaçant pour le travail qui utilise le transport en commun, selon le recensement de 2006
Taux de recyclage domestique	Pourcentage de déchets résidentiels détournés par le recyclage en 2006
Taux de compostage domestique	Pourcentage des déchets résidentiels détournés par le compostage en 2006
Quantité de matières résiduelles domestiques	Quantité totale des résidus domestiques en kg/habitant/an en 2006
Dépenses municipales pour le sport, les loisirs et la culture	Dépenses per capita pour l'aide sociale, le sport, les loisirs et la culture en 2008

3.2.3. Sources de données

Dans bien des cas, les données statistiques sont difficilement accessibles, voire inexistantes, à l'échelle des villes. Cette réalité oblige parfois l'usage de données qui ne sont pas nécessairement très robustes. Ce problème est d'ailleurs commun à toute tentative d'élaboration d'indicateurs et d'indices (OCDE, 2008). A contrario, lorsqu'elles existent et sont accessibles, elles ne sont pas toujours comparables ni compatibles entre villes.

De manière générale, outre la normalisation nécessaire au calcul des scores environnemental et socio-économique, les données utilisées dans le cadre de ce travail sont de sources primaires où aucun calcul supplémentaire n'a été effectué. Par ailleurs, nous reconnaissons certaines limites aux données utilisées, notamment en ce qui a trait aux années de compilation[4], relativement hétérogènes, et à l'attribution d'une valeur régionale lorsque les micro-données ne sont pas disponibles[5]. Aussi, nos indicateurs ne décrivent pas les variations dans le temps. En revanche, une fois notre liste établie, elle pourra faire l'objet d'une mise à jour périodique, de façon à considérer cette dimension temporelle des indicateurs.

3.2.4. Traitement des données : normalisation

Pour chaque indicateur, les données sont transformées ou normalisées afin d'être exprimées dans une unité commune. Plusieurs méthodes de normalisation

---

[4] Toutes les données utilisées pour le calcul des indicateurs proviennent des sources les plus récentes disponibles pour les 25 villes, dont les années de compilation sont toutefois antérieures à 2007. Ainsi, a) pour les données sur les matières résiduelles, l'inventaire est disponible pour 2009, mais concernant quelques villes seulement; b) pour les données sur la consommation d'eau, les données les plus récentes datent de 2006, c) pour les données relatives au transport et les données socio-économiques, nous avons utilisé les données du recensement le plus récent (2006).

[5] Les données utilisées sur la qualité de l'air, la qualité des cours d'eau et l'évaluation de l'état de santé de la population sont des données régionales.

peuvent être appliquées, mais, selon plusieurs auteurs, aucune n'est réellement satisfaisante (voir Tchimou, 2005 et OCDE, 2008). L'agrégation des indicateurs implique des choix méthodologiques dont la robustesse peut être, par la suite, appuyée avec des tests de sensibilité (Singh *et al.*, 2009).

Nous transformons les observations afin que chaque indicateur ait une moyenne de zéro et soit exprimé en termes d'écart-type. Les données ainsi générées sont indépendantes des échelles ou des unités de mesure.

Soit $\overline{I}_j$, la moyenne de l'indicateur I_j ($j = 1, 2...20$) pour les 25 villes et σ_j l'écart-type correspondant, la normalisation est décrite par l'équation suivante :

$$I_{ij} = \frac{x_{ij} - \overline{I}_j}{\sigma_j} \tag{1}$$

où I_{ij} est la valeur de l'indicateur ainsi créée et x_{ij} représente la valeur de l'observation initiale de l'indicateur j pour une ville i. Par contre, cette normalisation implique que les indicateurs ayant des valeurs extrêmes, lorsqu'ils seront agrégés, affecteront ultimement les scores environnemental et socio-économique. Autrement dit, des villes ayant des performances exceptionnelles pour quelques indicateurs risquent d'avoir un score plus élevé que celles qui auront des performances relativement constantes dans tous les indicateurs une fois synthétisés. Ce problème de « compensation » entre les scores des indicateurs peut être contrôlé en utilisant une méthode d'agrégation qui « neutralise » la valeur des scores. C'est pourquoi, d'ailleurs, nous utiliserons plus loin la règle de classement de Borda. Ceci étant dit, il n'existe aucun lien de proportion entre les valeurs des indicateurs. Une ville ayant obtenu un score de 1 n'est pas deux fois plus performante qu'une ville ayant obtenu un score de 0,5 pour un indicateur donné.

3.2.5. Agrégation des données et calcul des scores

Un indice environnemental (E) et un indice socio-économique (SE) sont obtenus pour chaque ville à partir de l'agrégation des indicateurs correspondants (voir tableau 3.3.). Finalement, dans un but strictement comparatif, nous calculons un indice global IG qui synthétise les deux scores.

Tableau 3.3

Agrégation des indicateurs de développement durable

Branche	Indicateurs
E	IE1. Qualité de l'air
	IE2. Consommation résidentielle d'eau
	IE3. Superficie des espaces naturels de conservation
	IE4. Qualité des cours d'eau
	IE5. Taux de compostage domestique
	IE6. Densité de la population urbaine
	IE7. Taux de recyclage domestique
	IE8. Quantité de matières résiduelles domestiques
	IE9. Utilisation du transport en commun
	IE10. Motorisation de la population
SE	ISE1. Niveau d'éducation de la population
	ISE2. Taux d'activité
	ISE3. Taux de chômage
	ISE4. Taux de participation aux élections municipales
	ISE5. Dépenses des ménages pour le logement
	ISE6. Revenu des ménages
	ISE7. Écart entre les plus riches et les plus pauvres
	ISE8. État de santé de la population
	ISE9. Taux de criminalité
	ISE10. Dépenses municipales pour le sport, les loisirs et la culture

Au niveau opérationnel, l'agrégation condense les informations contenues dans chacun des indicateurs en une seule information, ce qui induit une certaine perte de données. Toutefois, dans un contexte municipal multi-acteurs, ce calcul permet de dégager des grandes tendances et d'en soumettre, à un niveau très général, les conclusions aux acteurs pour qui cet apport informationnel est essentiel dans le cadre d'un processus de décision.

L'agrégation introduit un dilemme quant à la pondération des indicateurs qui le composent. Elle doit être idéalement simple afin de faciliter la compréhension et l'utilisation des données comme outil d'aide à la décision (Singh *et al.*, 2009). C'est pourquoi, nous optons donc pour une pondération égale de chaque indicateur dans le calcul des scores. Ainsi, les 10 indicateurs qui composent respectivement les branches environnementale et socioéconomique recevront une pondération équivalente de 0,1.

Nous optons pour une agrégation linéaire (AL). Elle est basée sur la somme des indicateurs normalisés (OCDE, 2008). En optant pour cette méthode, nous admettons la possibilité, par exemple, qu'un bon score en matière de gestion des matières résiduelles puisse compenser un mauvais score en matière de consommation d'eau dans le calcul de l'indice E. Elle permet toutefois de conserver la valeur et la contribution de chaque indicateur aux indices E et SE et de refléter les performances exceptionnelles de certaines villes dans des domaines particuliers grâce au classement établi dans le cadre de cette démarche. Par ailleurs, notons qu'on ne peut pas établir de rapport de proportion entre les scores obtenus par les villes puisqu'ils appartiennent à une échelle d'intervalle. En d'autres termes, on ne peut pas dire qu'une ville ayant obtenu un indice E de 1 serait deux fois plus performante qu'une ville ayant un score de 0,5.

Pour une ville donnée $i = 1, 2...25$ et pour les indicateurs I_j avec $j = 1, 2...20$, la formule d'agrégation s'écrit :

$$IC_i = \sum_{j=1}^{j=20} w_j I_{ij} \tag{2}$$

où $\displaystyle\sum_{j=1}^{j=20} w_j = 1$ et $0 \le w_j \le 1$, w_j étant la pondération de chacun des 20 indicateurs I_j de la ville i. IC correspond aux indicateurs composites ou indices E ou SE.

3.2.5.1. Test de robustesse

Une deuxième méthode d'agrégation également reconnue est appliquée afin d'évaluer le niveau de robustesse des résultats et de s'assurer que ces derniers ne relèvent pas uniquement de l'effet de la méthode (OCDE, 2008) : la règle de classement de Borda. Contrairement à l'AL, elle fait abstraction des valeurs des indicateurs en ne considérant que les rangs de chaque ville pour chaque indicateur individuel (Vansnick, 1990). Autrement dit, on neutralise les problèmes de compensation entre les valeurs des indicateurs constituant les scores E ou SE en considérant uniquement la différence de classement entre les villes et on vérifie si les résultats varient considérablement.

La règle de Borda est basée sur la règle de pointage suivante : étant données N villes, la dernière du classement pour chaque indicateur individuel ne recevra pas de point, celle qui la précède se voyant attribuer 1 point. La règle de pointage se poursuit jusqu'à N-1 points, score que reçoit la ville en tête du classement, et ce, pour chaque indicateur individuel. Pour chaque branche E et SE, la ville au plus haut pointage, selon la règle de Borda, sera classée première (voir notamment OCDE, 2008 pour une démonstration plus élaborée).

Pour chaque ville i,

$$IC_i = \sum_{j=1}^{j=20} (25 - r_{ij})$$

(3)

où r_{ij} correspond au rang de la ville i pour l'indicateur I_{ij}, et IC aux indices E ou SE.

Il y a deux principaux avantages à utiliser la règle de Borda. Premièrement, elle évite les problèmes de « compensation » entre les indicateurs individuels en remplaçant leur valeur par leur rang dans le classement. Deuxièmement, elle permet, quelque soit le nombre de fois qu'une ville occupe un rang en particulier, de rendre compte de l'ensemble de tous les classements. Le classement positionne ainsi favorablement les villes ayant des performances relativement constantes pour la majorité des indicateurs individuels.

3.2.6. Présentation et interprétation des résultats

3.2.6.1. Comparaison générale des villes

Une fois les indicateurs et les scores calculés, nous faisons un classement général des 25 villes pour visualiser les données à des fins d'analyse. L'objectif est d'être en mesure d'apercevoir la tendance générale qui résulte des indices E et SE. Ont-ils tendance à présenter une asymétrie, de telle sorte que le score environnemental serait plus élevé que le score socio-économique, et vice-versa ? Notons que ces résultats asymétriques ne tiennent pas compte de la catégorie des villes.

3.2.6.2. Comparaison par catégorie des villes

Par la suite, nous regroupons les villes selon leur catégorie respective (VC, B ou VR) et en faisons ensuite l'analyse. Nous reconnaissons que certains avantages ou désavantages sont inhérents à la nature des villes. Par exemple, la question des types de logements habités et de la possibilité d'établir des systèmes de transport collectif est intimement liée à celle de la densité et de la population des villes.

3.2.6.3. Diagrammes en radar

À l'aide de représentations graphiques en radar, nous illustrons la contribution de chaque indicateur aux indices E et SE obtenue à partir de l'agrégation linéaire. Cette façon de procéder rend compte des principaux facteurs à l'origine des forces ou des faiblesses des indices E et SE. Mais elle permet également, d'une part, de suggérer les axes prioritaires en regard desquels des efforts supplémentaires de la part des villes concernées doivent être consentis et, d'autre part, d'informer les autres parties prenantes afin qu'elles puissent prendre leurs responsabilités.

3.3. Résultats

3.3.1. Comparaison générale des villes

Le tableau 3.4 présente le classement global des 25 villes relativement aux indices E, SE et à l'indice global IG. Ce dernier est calculé par la moyenne des indices E et SE :

$$IG = (E + SE)0,5 \tag{4}$$

Sans surprise, la comparaison des classements révèle que les indices E et SE se compensent et qu'ainsi, certaines villes finissent avec un IG élevé, donc un bon classement. Ainsi, Gatineau, Sherbrooke et Victoriaville font bonnes mines sur le plan environnemental (indice E élevé). Malgré l'obtention de performances moins bonnes sur le plan socio-économique (indice SE plus faible), elles se retrouvent parmi les 10 premières villes dans un classement général. De leur côté, St-Jean-sur-Richelieu, Dollard-des-Ormeaux et Blainville figurent aussi parmi les villes les mieux classées, mais cette fois-ci grâce à un indice SE élevé qui compense un indice E plus faible. Finalement, notons que Lévis, Québec et

Brossard sont les seules villes parmi les 10 premières du classement global IG à se retrouver au top 10 avec des indices E et SE élevé.

Tableau 3.4
Scores et classement général des villes

Villes	Population 2008	Scores			Rangs		
		E	SE	IG	E	SE	Rang[6] global (RG)
Montréal	1659962	0,48	-0,53	-0,03	1	22	15
Québec	502119	0,32	0,04	0,18	4	10	6
Laval	376425	-0,10	-0,19	-0,15	14	18	19
Gatineau	247526	0,46	-0,18	0,14	2	16	8
Longueuil	234352	0,18	-0,21	-0,02	8	19	14
Sherbrooke	150751	0,44	-0,04	0,20	3	12	5
Saguenay	146641	-0,07	-0,22	-0,15	13	20	18
Lévis	132851	0,12	0,51	0,31	10	5	3
Trois-Rivières	128941	-0,26	-0,40	-0,33	21	21	23
Terrebonne	96795	-0,16	0,52	0,18	18	4	7
St-Jean-sur-Richelieu	89388	-0,46	0,58	0,06	24	3	10
Repentigny	77744	-0,26	0,25	0,00	20	7	12
Brossard	72707	0,22	0,27	0,25	6	6	4
Drummondville	68841	-0,16	0,05	-0,05	17	9	17
Saint-Jérôme	65048	-0,22	-0,56	-0,39	19	23	24
Granby	60617	-0,52	0,10	-0,21	25	8	20
Shawinigan	52865	-0,31	-0,64	-0,47	22	24	25
St-Hyacinthe	52713	0,07	0,03	0,05	11	11	11
Dollard-Des Ormeaux	49940	-0,13	0,83	0,35	15	2	2
Blainville	47504	-0,14	0,93	0,40	16	1	1
Châteauguay	43618	-0,02	-0,07	-0,05	12	13	16
Rimouski	43097	0,16	-0,18	-0,01	9	17	13
Saint-Eustache	42944	-0,33	-0,10	-0,21	23	14	21
Victoriaville	41316	0,31	-0,10	0,10	5	15	9
Rouyn-Noranda	40748	0,22	-0,68	-0,23	7	25	22

---

[6] Le classement global (RG) reflète la moyenne des scores E et SE et non la moyenne des rangs. Il est donc possible, par exemple, qu'une ville comme Laval ayant obtenu des rangs respectifs de 14 et 18 pour E et SE, sera classée 19ème dans le cadre du classement global. Ceci est dû au fait que la moyenne est calculée au niveau des scores et non au niveau de la valeur des rangs.

En termes de développement durable, ces résultats démontrent qu'il existe réellement une asymétrie entre les dimensions environnementale et socio-économique au niveau municipal. Selon les cas, plusieurs villes gagneraient à redéfinir leurs priorités environnementales ou socio-économiques dans une perspective de développement durable intégrant l'environnement, l'économie et les enjeux sociaux.

3.3.2. Test de robustesse

Le classement révélant les scores de E, SE et l'indice IG est comparé avec un autre scénario utilisant la règle de classement de Borda, pour que soit vérifiée sa robustesse (voir tableau 3.5). Les grandes tendances observées dans le classement via l'agrégation linéaire semblent être maintenues dans le classement de Borda. Lévis, Québec, Brossard restent les seules villes parmi les 10 premières du classement global à se retrouver parmi les 10 premières à la fois dans les branches environnementale et socio-économique. Quant aux sept autres villes de tête pour le classement global selon la règle de Borda, elles sont bien classées, soit au niveau environnemental, soit au niveau socio-économique. Par ailleurs, alors qu'elle était 1ère dans le classement précédent au niveau environnemental, Montréal se retrouve en 5ème position. C'est aussi le cas pour Victoriaville qui passe de la 5ième à la 13ième position au niveau environnemental. La tendance est inverse, au niveau socio-économique, pour quelques villes : Québec passe de la 10ième à la 8ième position, de même que Shawinigan qui passe de la 24ième à la 21ième position.

Tableau 3.5
Classements par l'agrégation linéaire (AL) et la règle de Borda (B)

Villes	Rang E		Rang SE		Rang global	
	AL	B	AL	B	RG	RG$_B$[7]
Montréal	1	5	24	22	15	19
Québec	4	2	8	10	6	2
Laval	14	9	20	18	19	16
Gatineau	2	1	13	16	8	6
Longueuil	8	6	19	19	14	12
Sherbrooke	3	3	11	12	5	8
Saguenay	13	19	10	20	18	15
Lévis	10	7	5	5	3	4
Trois-Rivières	21	22	23	21	23	25
Terrebonne	18	18	2	4	7	5
St-Jean-sur-Richelieu	24	23	4	3	10	10
Repentigny	20	16	6	7	12	9
Brossard	6	4	7	6	4	7
Drummondville	17	20	16	9	17	18
Saint-Jérôme	19	17	22	23	24	22
Granby	25	25	9	8	20	21
Shawinigan	22	24	21	24	25	24
St-Hyacinthe	11	8	12	11	11	11
Dollard-Des Ormeaux	15	11	3	2	2	3
Blainville	16	14	1	1	1	1
Châteauguay	12	15	18	13	16	17
Rimouski	9	10	17	17	13	13
Saint-Eustache	23	21	14	14	21	20
Victoriaville	5	13	15	15	9	14
Rouyn-Noranda	7	12	25	25	22	23

---

[7] Le classement global selon la règle de Borda (RG$_B$) n'est pas une moyenne des classements environnemental et socio-économique. Il dépend plutôt du pointage attribué au classement obtenu par chaqueville pour chaque indicateur individuel considéré dans le calcul. Par exemple, Trois-Rivières se retrouve au 25ième rang dans le classement RG$_B$ (pointages pour 20 indicateurs), alors qu'elle était respectivement 22ième (pointage pour 10 indicateurs) et 23ième (pointage pour 10 autres indicateurs) selon E et SE.

Nous appliquons les tests de corrélation de Spearman et de Kendall aux deux séries de résultats (Kendal et Gibbons, 1990). Le premier permet de calculer la corrélation entre deux ensembles de rangs (ρ de Spearman), tandis que le deuxième est basé sur le nombre d'inversion constaté dans les classements (τ de Kendall). Le degré de concordance est d'autant plus élevé que la valeur des deux coefficients (ρ et τ) est proche de 1. Les tests révèlent que les deux classements sont fortement liés, autant pour les scores E et SE que pour les indices globaux au seuil de 0,05 ($\tau = 0,73$ et $\rho = 0,89$ pour E, $\tau = 0,78$ et $\rho = 0,91$ pour SE et $\tau = 0,81$ et $\rho = 0,95$ pour les indices globaux). Ces résultats sont présentés au tableau 3.6.

Tableau 3.6
Coefficients de corrélation

	ρ de Spearman	τ de Kendall	Niveau de signification
E	0,89	0,73	0,05
SE	0,91	0,78	0,05
IG	0,95	0,81	0,05

La différence entre les deux méthodes est attribuable au fait que l'agrégation linéaire cause un problème de compensation entre les indicateurs individuels, contrairement au classement de Borda. Autrement dit, concernant le premier type de classement, des valeurs très élevées influencent les scores, tandis que dans le second (selon la règle de Borda), seul le classement relatif des villes est pris en compte.

Tableau 3.7

Classement des villes par catégorie

Catégorie	Ville	Rang global	Score E	Score SE
VC	Québec	1	0,32	0,04
	Montréal	2	0,48	-0,53
VR	Sherbrooke	1	0,44	-0,04
	Gatineau	2	0,46	-0,18
	Victoriaville	3	0,31	-0,10
	Saint-Hyacinthe	4	0,07	0,03
	Rimouski	5	0,16	-0,18
	Drummondville	6	-0,16	0,05
	Saguenay	7	-0,07	-0,22
	Granby	8	-0,52	0,10
	Rouyn-Noranda	9	0,22	-0,68
	Trois-Rivières	10	-0,26	-0,40
	Saint-Jérôme	11	-0,22	-0,56
	Shawinigan	12	-0,31	-0,64
B	Blainville	1	-0,14	0,93
	Dollard-Des Ormeaux	2	-0,13	0,83
	Lévis	3	0,12	0,51
	Brossard	4	0,22	0,27
	Terrebonne	5	-0,16	0,52
	Saint-Jean-sur-Richelieu	6	-0,46	0,58
	Repentigny	7	-0,26	0,25
	Longueuil	8	0,18	-0,21
	Châteauguay	9	-0,02	-0,07
	Laval	10	-0,10	-0,19
	Saint-Eustache	11	-0,33	-0,10

3.3.3. Comparaison par catégorie des villes

Le tableau 3.7 présente les sous-classements ainsi que les scores E et SE des villes lorsqu'on tient compte de leur catégorie respective. Premier constat, on observe que Montréal et, dans une moindre mesure, Québec ont tendance à compenser un mauvais « score socio-économiques » (SE ≤ 0) par un meilleur

« score environnemental» (E > 0). Cette tendance est inversée chez la majorité des villes en banlieue de Montréal et Québec. Autrement dit, les villes de banlieue, comparativement aux villes-centres, ont globalement tendance à miser sur l'offre de conditions de vie socio-économiques plus favorables et à prioriser moindrement certains aspects environnementaux. Nous identifierons ces derniers un peu plus loin lorsqu'on discutera de la contribution des indicateurs individuels aux scores E et SE. Deuxième constat, les villes régionales VR présentent des scores généralement faibles et/ou négatifs en E et SE. Les seules villes avec un score positif sont Sherbrooke, Victoriaville, Rimouski, Saint-Hyacinthe et Rouyn-Noranda en E et Saint-Hyacinthe, Drummondville et Granby en SE. Grâce à un score E très élevé, Victoriaville et Sherbrooke dominent le classement global RG.

Ainsi, l'asymétrie entre les branches socio-économique et environnementale est moins prononcée chez les villes régionales comparativement aux villes de Montréal et Québec et de leurs environs. Toutefois, tant au niveau des conditions favorisant l'implantation des ménages qu'en matière d'impacts environnementaux, d'importants efforts devraient être consentis. Pour Montréal et Québec, les priorités devraient s'articuler autour de l'amélioration des conditions socio-économiques, tandis que pour les villes de banlieue étudiées, elles doivent surtout porter sur les aspects environnementaux dans une vraie perspective de développement durable.

Bien que très généraux, ces dispositions peuvent jouer un rôle important dans les processus de décision au niveau des villes dans un contexte impliquant plusieurs acteurs (décideurs, praticiens, citoyens, groupes de citoyens, etc.). Aussi, à une échelle décisionnelle supérieure, par exemple au niveau de la Communauté métropolitaine de Montréal, elles peuvent minimalement servir de critères dans le cadre de stratégies ou de programmes de financement de projets en développement durable.

3.3.4. Contribution des indicateurs aux indices E et SE

Les scores E et SE sont influencés par les valeurs des indicateurs individuelles. Dans cette section, les indicateurs individuels de chaque ville sont représentés à l'aide des diagrammes en radar ou en toile d'araignée afin que soit analysée leur contribution aux scores E et SE respectivement.

3.3.4.1.   Le cas de Montréal et Québec

Étant donné que Montréal et Québec sont les centres des deux principales régions métropolitaines du Québec, elles se distinguent des autres villes, notamment en termes d'infrastructures et de services. Elles constituent également le principal bassin d'emplois des villes limitrophes et concentrent les principales activités économiques tertiaires et spécialisées de la province. Ainsi, concernant certains enjeux de développement durable, elles sont intimement liées au contexte métropolitain et ne peuvent être formellement comparées aux autres villes[8].

D'une part, la région métropolitaine de Montréal et, à un niveau moindre, celle de Québec se distinguent par l'existence d'importantes infrastructures de transports en commun. Ceci fait en sorte qu'un pourcentage plus élevé de la population est susceptible d'utiliser l'autobus, le métro ou le train de banlieue – dans le cas de Montréal – au détriment de l'automobile pour se rendre au travail.

---

[8] En ce sens, nous avons tenté une analyse plus contextuelle des deux régions métropolitaines de Montréal et Québec à l'aide de nos indicateurs environnementaux et socio-économiques. Cette analyse n'a pas été concluante, en raison du fait que les RMR sont elles-mêmes très hétérogènes. Tout calcul d'une moyenne générale visant à synthétiser les indicateurs desvilles constitutives ne faisait que diluer les scores individuels, les empêchant d'être opérationnels et de servir ultimement d'outils d'aide à la décision.

Les taux de possession d'automobile par habitant seraient donc les plus faibles à Montréal et à Québec. D'autre part, les densités démographiques y sont parmi les plus élevées, étant donné que les constructions s'y font souvent en hauteur et que les projets multi-résidentiels y sont relativement populaires. Comme l'illustre la figure 3.1, ce sont au niveau de la densité urbaine (IE6) et des enjeux de mobilité (IE9 et IE10) que Montréal et Québec ont reçu les scores les plus élevés.

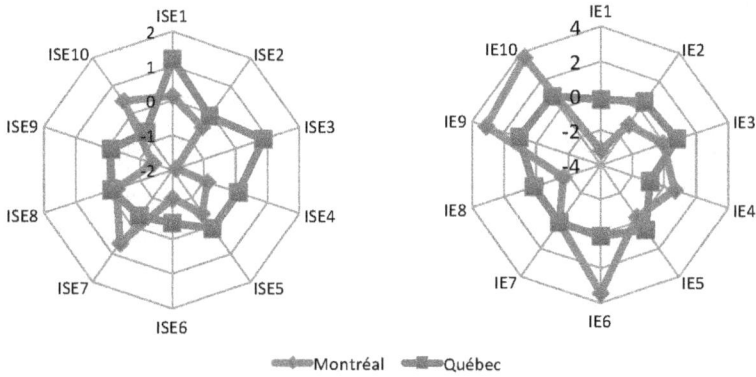

Figure 3.1 Diagramme des performances détaillées de Montréal et de Québec

3.3.4.2.   Les villes de banlieues

La figure 3.2 représente les diagrammes en radar des scores E et SE des villes de banlieue. Globalement, pour ce qui est de la branche environnementale, les 11 villes de cette catégorie ont tendance à compenser de mauvaises performances par des performances plus solides pour quelques indicateurs. Les villes de Longueuil et Brossard doivent surtout leur bon classement à une meilleure utilisation du transport en commun (IE9 élevé) et à un plus faible taux de possession d'automobile que leurs pairs (IE10 élevé). Classée troisième sur l'ensemble des villes, Lévis compense de mauvaise performance en termes d'utilisation du transport en commun (IE9 faible) et une faible densité de population (IE6 faible) par une très bonne gestion des matières résiduelles (IE5, IE8 et IE7 élevés). Les profils des 11 villes sont sensiblement similaires quant à la qualité de l'air et à la consommation résidentielle d'eau (valeurs plus faibles respectivement pour IE1 et IE2).

Dans l'ensemble, leurs indicateurs socio-économiques sont relativement plus élevés et plus constants que leurs indicateurs environnementaux. Les 11 villes de banlieue semblent partager certaines tendances, notamment en ce qui a trait à l'éducation (ISE1), au taux d'activité et de chômage (ISE2 et ISE3), à la participation à la vie démocratique municipale (ISE4), à l'état de santé (ISE8) et même en matière de sécurité (ISE9) où les notes obtenues sont relativement solides à quelques exceptions près. C'est notamment le cas de Saint-Jean-sur-Richelieu avec des notes opposées (i.e. ISE2, ISE3 et ISE10 très faibles, ISE4, ISE5, ISE9 très élevés). Lévis réussit à se distinguer avec une population sensiblement plus éduquée, nantie et active, et un faible taux de chômage (i.e. ISE1, ISE2, ISE3, ISE5 plus élevés que ses pairs); Dollard-des-Ormeaux avec une population également plus éduquée (ISE1 plus élevé), plus active à la vie démocratique de la ville (ISE4 plus élevé) et un environnement plus sécuritaire (ISE9 plus élevé); Blainville, avec un taux de chômage plus faible (ISE3 élevé), moins de ménages allouant une part importante de leur budget au logement (ISE5 élevé) et une population mieux nantie (ISE6 élevé). D'autre part, l'état de santé déclarée de la population (ISE8) semble être problématique sauf pour Longueuil et Brossard qui obtiennent une note relativement plus élevée que leurs pairs.

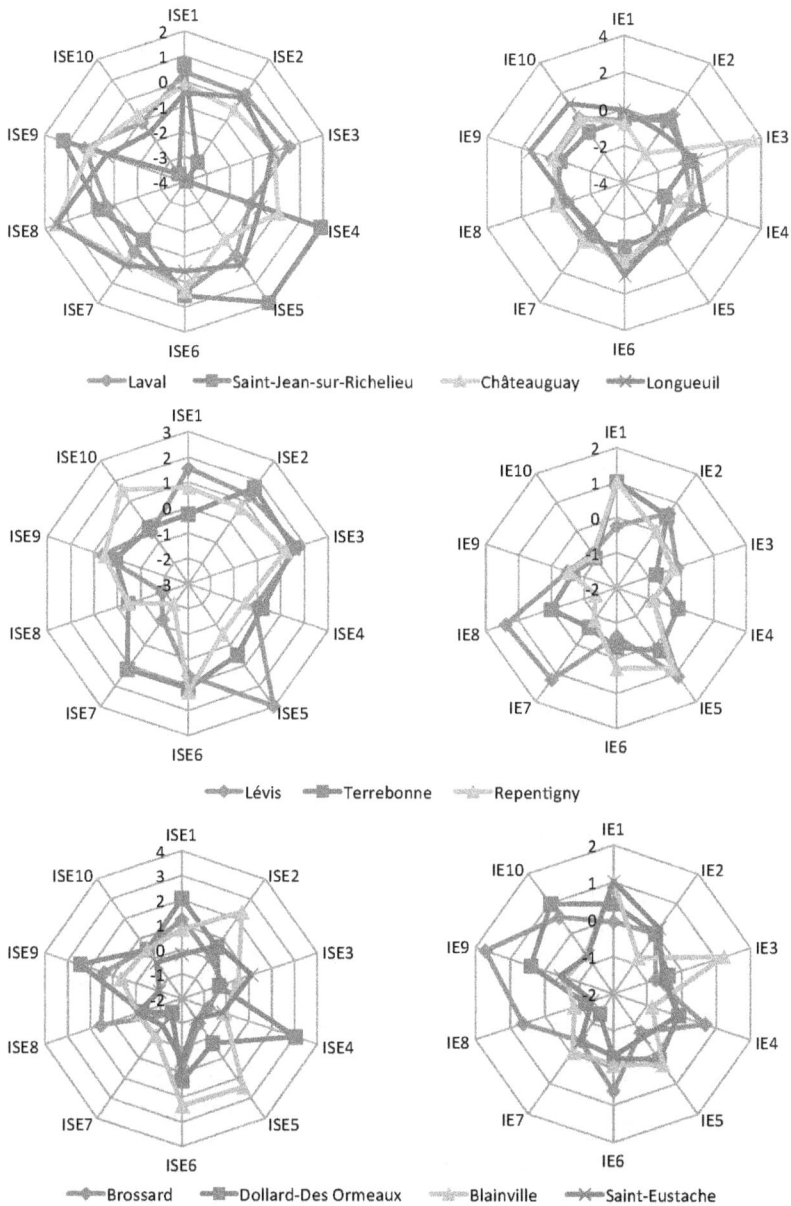

Figure 3.2 Diagramme des performances détaillées des 11 villes de banlieue

Ceci dit, un bon (ou un mauvais) score E ou SE est parfois le résultat d'une note très élevée (ou très basse) pour certains indicateurs individuels dans le cas des villes de banlieue. Dans la branche environnementale, ces villes ne devraient pourtant pas se limiter aux seules préoccupations sur la gestion des matières résiduelles. Le transport collectif devrait notamment figurer parmi les priorités.

Pour les citoyens et les autres parties prenantes, cela consisterait à modifier progressivement les habitudes de déplacement. Pour les autorités locales, cela devra se traduire par des négociations plus actives pour une meilleure desserte et des infrastructures de transport collectif plus efficaces. Sur le plan socio-économique, l'offre de conditions favorables à l'implantation des ménages devrait être maintenue. Des mesures supplémentaires impliquant autant les autorités locales que les différentes parties prenantes permettront notamment d'améliorer la perception des citoyens de leur état de santé (IE8) et de réduire l'écart entre les plus riches et les plus pauvres (IE7).

3.3.4.3. Les villes régionales

La figure 3.3 présente les diagrammes en radar des villes VR. Dans l'ensemble, les mêmes tendances que chez les villes de banlieue apparaissent en matière environnementale. Les mauvais scores E sont surtout influencés par une consommation d'eau relativement importante (IE2 $\approx$ 0 sauf pour Drummondville et Sherbrooke), une faible densité d'habitation (IE6 $\leq$ 0 sauf pour St-Hyacinthe), un nombre restreint d'usagers des transports en commun utilisés pour se rendre au travail (IE9 $\leq$ 0) et un taux de possession d'automobile par habitant relativement élevé (IE10 $\leq$ 0 sauf pour St-Hyacinthe). Dans certains cas, ces mauvaises performances sont masquées par des performances très solides dans quelques indicateurs. C'est ainsi que Sherbrooke (3ème), Victoriaville (5ème), Rouyn-Noranda (7ème) se classent parmi les 10 premières villes du classement global en E grâce à une bonne gestion des matières résiduelles (IE5, IE7 et/ou IE8 élevé). Tandis que Rimouski (9ème) obtient une très bonne note pour son taux de récupération relativement élevé (IE7) et une meilleure qualité de ses cours d'eau (IE4), et ce, malgré des performances moins convaincantes dans les autres indicateurs.

Les villes de cette catégorie ont globalement reçu une bonne note au niveau socio-économique. Elles ont généralement un profil socio-économique similaire notamment en ce qui concerne l'emploi (taux d'activité et de chômage), l'écart entre les plus riches et les plus pauvres et l'état de santé déclarée de la population (ISE2, ISE3, ISE7 et ISE8 relativement faibles sauf pour St-Hyacinthe, Victoriaville et Rimouski). Pour les autres indicateurs, les 12 villes de cette catégorie se partagent entre celles qui obtiennent de bonnes et de mauvaises notes en matière de criminalité (ISE9 élevée, donc taux de criminalité faible, pour Sherbrooke, Saguenay, Trois-Rivières et St-Hyacinthe et faible, donc taux de criminalité plus élevé, pour les autres villes), de revenu des ménages (ISE6 faible pour Rouyn-Noranda, Victoriaville, Saint-Jérôme, et Shawinigan et élevée pour les autres villes) et de participation à la vie démocratique de la ville (ISE4 élevées pour Sherbrooke, Saguenay, Trois-Rivières et Drummondville).

En résumé, les bons scores E ou SE obtenus par les 12 villes de cette catégorie sont essentiellement influencés par des performances très solides dans l'un ou l'autre des indicateurs individuels. Ainsi, en plus d'une asymétrie entre les branches E et SE, un bon score en E serait par exemple attribuable à une bonne gestion des matières résiduelles pour Victoriaville et Sherbrooke, tandis que pour Rimouski et St-Hyacinthe, celui-ci résulte d'une meilleure qualité des cours d'eau et d'un développement favorisant la densité urbaine. Ces questions de compensation entre les indicateurs individuels se retrouvent autant dans la branche environnementale que dans la branche socio-économique de la grille. Elles peuvent effectivement réduire la valeur analytique des scores E et SE. Toutefois, elles indiquent avec plus de transparence les domaines où les villes sont plus entreprenants et ceux où des mesures supplémentaires pourraient être entreprises dans une réelle perspective de développement durable.

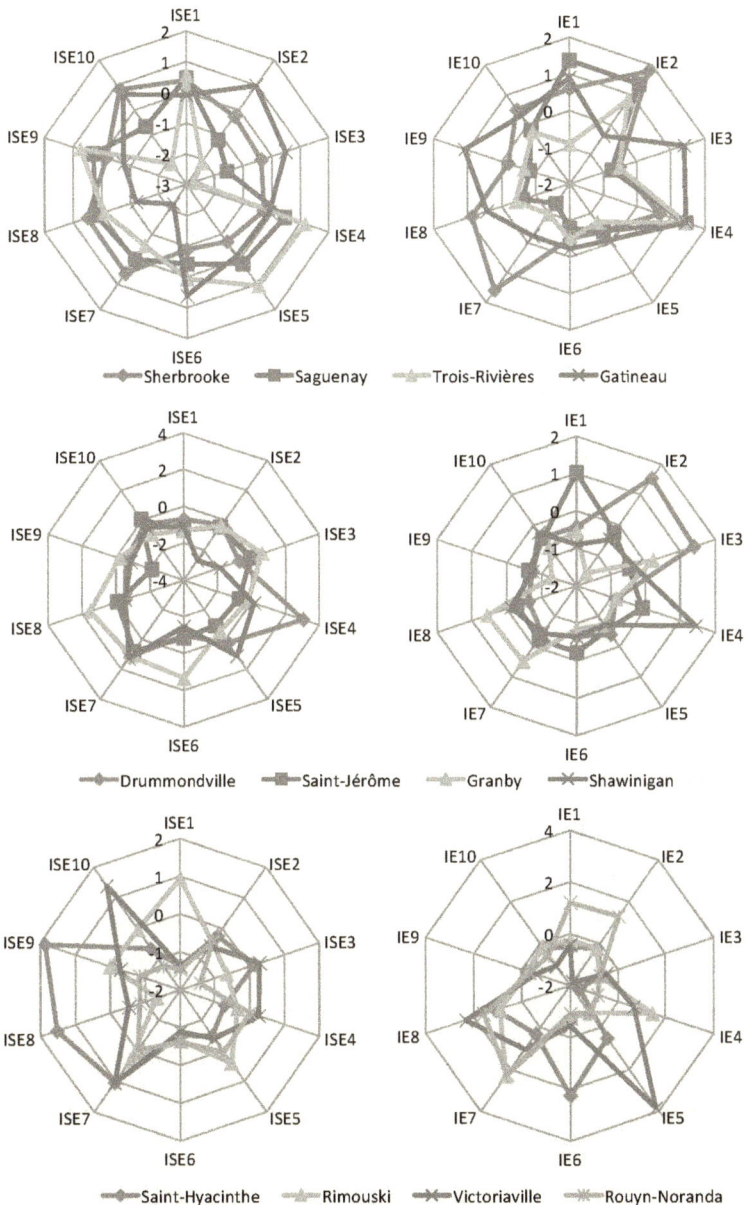

Figure 3.3 Diagramme des performances détaillées des 12 villes régionales

CONCLUSION

L'élaboration d'une grille uniforme d'indicateurs, et ce, malgré les problèmes discutés dans cet ouvrage, se présente donc comme un moyen permettant de : i) donner un signal aux administrations municipales afin qu'elles puissent redéfinir, selon les cas, leurs priorités générales en matière de développement durable; ii) informer le public au moyen d'indicateurs concis et accessibles et iii) appuyer des politiques supra-municipales, par un diagnostic du développement durable à une échelle locale.

Valeur de signal aux administrations publiques

Une grille uniforme d'IDD donne un signal aux administrations municipales afin que leur stratégie en matière de développement durable puisse être éventuellement mise à jour. Des villes ayant obtenu un score socio-économique considéré comme élevé devraient porter une attention particulière aux indicateurs environnementaux et prendre les mesures nécessaires selon leurs points faibles dans une vraie perspective de développement durable. L'inverse s'applique aux villes ayant obtenu un score environnemental considéré comme élevé, tout en s'assurant que celui-ci n'est pas uniquement attribuable à une performance exceptionnelle dans un sous-domaine en particulier. L'objectif est de tendre vers un équilibre entre les préoccupations environnementales et socio-économiques dans l'élaboration des politiques de développement durable tout en s'assurant que les initiatives engagées dans l'un des secteurs s'articulent avec les objectifs fixés dans l'autre.

Une telle grille permet aussi aux villes de maintenir un certain standard dans les secteurs qui les concernent, comme la gestion des matières résiduelles. Dans les secteurs qui les concernent moins, les villes peuvent toujours jouer un rôle déterminant en adoptant des mesures appropriées. En se situant les unes par rapport aux autres selon différents enjeux, les villes peuvent apprendre ou partager les meilleures pratiques appliquées ailleurs. Par exemple, en matière de transport, il existe des villes où le taux de possession d'automobile est élevé; Au-delà des nombreux facteurs liés à la notion de proximité, au revenu des individus, à l'offre de transport collectif, à la configuration spatiale des villes, etc., pour lesquels les villes n'ont pas nécessairement de contrôle, elles peuvent faire adopter des mesures visant à réduire la dépendance à l'automobile (ex.: mesure d'aménagement, incitatifs fiscales). Elles peuvent alors s'inspirer des mesures adoptées par des villes semblables. Bien que cela ne suffise pas à résoudre tous les enjeux de transport, les villes ne peuvent pas rester inactives face à la situation. Les IDD jouent ici un rôle déclencheur de réflexions.

Informer le public

Une grille d'IDD donne également un signal à la société civile. Les citoyens des villes à l'extérieur des régions métropolitaines doivent par exemple réduire leur consommation d'eau, tandis que les villes de banlieue doivent modifier progressivement leurs habitudes de déplacement tout en revendiquant plus activement une meilleure desserte en transport collectif. La consommation d'eau, le recyclage, le compostage domestique, l'état de santé déclaré, les modes de transport, le taux de participation aux élections sont autant d'indicateurs permettant de conscientiser et de responsabiliser les citoyens afin qu'ils puissent apporter leur part de contribution dans un objectif de développement local durable.

L'effet recherché auprès du public est une prise de conscience face aux enjeux du développement durable auxquels ils sont directement impliqués. Trop souvent, celle-ci accuse à tort ou à raison les autorités publiques pour les problèmes qui surviennent. Or, nombre de ces problèmes trouvent leur origine dans les comportements socio-économiques et les habitudes des citoyens et de la société en général.

Un autre effet recherché est celui d'une participation plus active de la société civile dans les processus de décision. Une grille d'IDD simple et accessible stimule l'intérêt des citoyens envers les enjeux du développement durable. Ils sont dès lors en mesure de surveiller les pratiques des autorités locales basées sur un diagnostic partagé par d'autres villes. La réponse des autorités locales aux différents enjeux de développement durable apparaît, en conséquence, avec plus de transparence.

Aide à l'atteinte des objections régionaux

Malgré l'importante diversité des villes et de leurs besoins respectifs, un système d'informations basé sur un minimum d'indicateurs communs pourrait être utile aux paliers de gouvernements supérieurs (ex. : CMM, MRC, gouvernement provincial) dans la définition d'une stratégie opérationnelle de développement durable. La contribution d'une grille uniforme d'IDD serait toutefois symbolique. Par exemple, dans le découpage des villes que nous avons suggéré, des politiques régionales de développement durable (ex. pour la CMM, CMQ) pourraient distinguer des priorités pour les villes-centres, pour les villes de banlieue et pour les villes à l'extérieur des régions métropolitaines.

L'effet recherché auprès des paliers gouvernementaux supérieurs est donc de s'assurer que leur définition des objectifs puisse tenir compte des réalités sur le terrain bien que cela reste très approximatif. La grille d'IDD pourrait jouer, dans ce contexte, un rôle d'intrants lors de la réalisation d'une évaluation et d'un suivi du développement durable à une échelle provinciale par exemple.

Dans un autre ordre d'idées, en agrégeant les indicateurs pour constituer les branches environnementale et socio-économique, nous avons voulu créer une grille d'indicateurs qui considère les deux principales perceptions ou définitions associées au développement durable au niveau municipal. Le premier reflète le scénario selon lequel le développement durable serait limité aux seuls enjeux environnementaux, tandis que le deuxième mettait l'accent sur les préoccupations socio-économiques dans une perspective de développement durable. Nous avons alors été en mesure d'observer que les préoccupations en matière de développement durable et l'interprétation qui en est faite varient d'une catégorie de villes à l'autre, voire d'une ville à l'autre. Or, nous croyons qu'il y a nécessité d'intégrer les dimensions environnementales et socio-économiques mais aussi de s'assurer que ces dimensions soient prises en considération selon des critères spécifiques minimaux. Un tel exercice permettrait d'uniformiser la compréhension du développement durable, devenu trop souvent un leitmotiv politique utilisé délibérément.

Par ailleurs, la méthode d'agrégation linéaire est suffisamment robuste pour l'analyse effectuée malgré les biais qu'elle soulève. Nous avons montré que même en neutralisant l'influence des valeurs extrêmes grâce à la méthode de classement de Borda, et en effectuant un classement strictement conforme au rang de chaque indicateur individuel, les résultats demeurent très similaires, à quelques exceptions près. Par exemple, lorsqu'on passe d'un classement basé sur les scores à un classement basé sur les rangs de chaque indicateur individuel (méthode de classement de Borda), Montréal passe du 1er rang au 5ème rang pour ce qui est de la branche environnementale. Néanmoins, les 10 premières villes se maintiennent à la tête du classement.

Nous avons utilisé le classement des villes comme moyen de comparaison pour faire surtout ressortir deux éléments. D'une part, il existe une asymétrie entre les branches environnementale et socio-économique alors que, dans une vraie perspective de développement durable, elles devraient être prises en considération avec un même égard (du moins dans la mesure où nous accordons une pondération équivalente aux deux dimensions) et ainsi afficher de bons scores chacune. Plus intéressant encore, même les plus durables d'entre elles compensent généralement un score moins élevé dans l'une ou l'autre des branches E ou SE par un très bon score dans la branche complémentaire. D'autre part, on a pu observer que les villes de banlieue ont généralement tendance à présenter un bon score SE et un score plus modeste au niveau environnemental, tandis que les villes régionales affichent des scores relativement faibles autant dans l'une et l'autre des deux branches.

À l'aide de diagrammes en radar, nous avons par la suite identifié les facteurs qui ont les plus contribués au classement des villes pour chaque score E et SE. Ainsi, des villes comme Lévis et Victoriaville doivent leurs bonnes performances en matière environnementale à une gestion efficace des matières résiduelles. Il n'en reste pas moins qu'elles doivent favoriser la densification résidentielle afin de réduire les effets négatifs environnementaux et économiques résultant de la trilogie « auto-bungalow-banlieue ».

Si l'efficacité analytique des indicateurs communs de développement durable est relativement restreinte, notamment à cause de la part de subjectivité introduite dès la sélection des indicateurs jusqu'au choix de méthode d'agrégation, elle demeure pertinente dans la mesure où elle peut servir à la fois à un usage administratif et informatif. D'autant plus que le développement durable par son caractère multithématique et interdisciplinaire exige un certain compromis entre science et politique, théorie et pratique, décideurs et citoyens, complexité et accessibilité.

La recherche sur l'élaboration et la mise en œuvre d'un système d'indicateurs uniformes devra notamment se poursuivre vers l'amélioration des précisions quant aux indicateurs à inclure et leurs mesures respectives. Ceci permettra de réduire la part de subjectivité de la grille d'IDD et d'en améliorer l'efficacité analytique. Par exemple, à ce stade-ci, on pourrait élargir la liste des indicateurs afin d'inclure les indicateurs exclus à cause de données manquantes. Aussi, nous reconnaissons les possibilités d'explorer i) d'autres types d'indices composites; ii) la sensibilité des classements aux choix de méthodes d'agrégation et iii) des scénarios de pondération variant selon la catégorie de ville. Enfin, nous jugeons pertinent d'allonger la liste des villes afin de pouvoir conduire des analyses statistiques plus élaborées et plus concluantes.

En terminant, le présent ouvrage s'inscrit dans un contexte où l'évaluation du développement durable suscite un intérêt majeur auprès des chercheurs et des praticiens. Il a pris position dans le débat sur les outils de mesure en cette matière et sur les enjeux méthodologiques qui y sont associés. Même si ce débat à caractère descriptif demeure inachevé, des démarches de recherche de nature explicative commencent à prendre place dans le paysage intellectuel du développement durable. D'une part, on sait, par exemple, que les choix fiscaux peuvent avoir des conséquences importantes sur la répartition de la richesse et sur l'environnement. Le passage à un système fiscal plus « vert » aurait ainsi des effets environnementaux et sociaux qui contribueront aux résultats observés pour les indicateurs. C'est dans cette optique que les recherches futures devraient viser à expliquer les variations obtenues dans l'analyse des performances des villes en matière de développement durable. Pour ce faire, on cherchera à identifier les facteurs fondamentaux ayant pu influencer les variables associées au développement durable. D'autre part, la mise en œuvre des principes de développement durable dans une ville, qui se traduit généralement par l'adoption de mesures spécifiques touchant l'aménagement du territoire, les transports urbains et les services publics, pourrait avoir des impacts (positifs ou négatifs) sur sa compétitivité pour attirer certaines catégories de ménages et d'entreprises. Par exemple, l'amélioration de la mobilité des personnes et des marchandises est reconnue comme étant une mesure qui permet à une ville d'être compétitive et ainsi d'attirer les ménages actifs et diverses catégories d'entreprises. En revanche, il existe des mesures moins populaires auprès de ces derniers mais qui permettent d'obtenir des gains environnementaux, sociaux ou économiques dans une perspective de développement durable. Ces observations laissent place à un débat sur la relation entre les performances environnementales, sociales et économiques d'une ville en matière d'aménagement, de transports et de services publics sur sa capacité à attirer certaines catégories de ménages et d'entreprises.

BIBLIOGRAPHIE

Angers, M. 1992. *Initiation pratique à la méthodologie des sciences humaines*. Montréal : Centre éducatif et culturel, xvi, 365 p.

Ambiente Italia Research Institute. 2003. *European common indicators (ECI): towards a local sustainability profile: Final project report*. Luxembourg: Office for Official Publications of the European Communities, 43 p.

Basiago, A.D. 1999. «Economic, social and environmental sustainability in development theory and urban planning practice». *The Environmentalist*, 19, 145-161.

Bell, S. et S., Morse. 2008. *Sustainability Indicators: Measuring the Immeasurable?* London: Earthscan, 2ème édition, 228 p.

Beauregard, R. A. 2003. «Democracy, Storytelling, and the Sustainable City». In *Story and Sustainability,* sous la dir. de Eckstein, B. et J. A., Throgmorton, p. 65-77. Cambridge: MIT Press.

Bossel, H. 1999. *Indicators for Sustainable Development: Theory, Method, Applications*. Winnipeg :International Institute for Sustainable Development, 124 p.

Boulanger, P-M. 2004. « Les indicateurs du développement durable : un défi scientifique, un enjeu démocratique ». *Les séminaires de l'Iddri*, 12, 24.

Bouni, C. 1998. «L'enjeu des indicateurs de développement durable. Mobiliser des besoins pour concrétiser des principes». *Nature, Sciences et Société*, 6 (3) :18-26.

Bouthat, C. *Guide de présentation des mémoires et thèses*. Montréal : Université du Québec à Montréal (Décanat des études avancées et de la recherche), 110 p.

Bovar, O., M., Demotes-Mainard, C., Dormoy, L., Gasnier, V., Marcus, I., Panier et B., Tregouët. 2008. *Les indicateurs de développement durable*. France : INSEE, Dossier, 23p.

Camagni, R. 2002. « On the Concept of Territorial Competitiveness: Sound or Misleading?» *Urban Studies,* 39 (13), 2395–2411.

Centre québécois du développement durable [CQDD]. 2003. *Tableau de bord sur l'état de la région du Saguenay-Lac-Saint-Jea*n. Alma, Québec : Région laboratoire du développement durable Saguenay-Lac-Saint-Jean, 120 p.

Cervero, R. 2002. « Travel by Design: The Influence of Urban Form on Travel ». *Journal of the American Planning Association,* 68 (1), 106-107.

Commissaire à l'environnement et au développement durable. 2007. *Stratégies de développement durable.* Ottawa : Rapport de 2007 du Commissaire à l'environnement et au développement durable : Le point de vue du Commissaire (Octobre), 18 p.

Commission mondiale sur l'environnement et le développement [CMED]. 1987. *Notre avenir à tous.* Oxford : Oxford University Press, 444 p.

Connelly, S. 2007. « Mapping Sustainable Development as a Contested Concept». *Local Environment*, 12 (3), 259-278.

Costanza, R., H. Daly, 1992. «Natural Capital and Sustainable Development». *Conservation Biology,* 6 (1), 37-46.

Dallaire, G. et F. Colbert. 2012. «Sustainable Development and Cultural Policy : Do They Make a Happy Marriage ?» *ENCATC Journal of Cultural Management and Policy*, 2 (1), 7-11.

Dietz, S., et E., Neumayer. 2007. «Weak and Strong Sustainability in the SEEA: Concepts and Measurements». *Ecological Economics*, 61, 617-626.

Dobson, A. 1996. «Environmental Sustainabilities : An Analysis and a Typology». *Environmental Politics*, 5 (3), 401-428.

Ekins, P., S., Simon, L., Deutsch, C., Folke, et R., De Groot, 2003. «A framework for the practical application of the concepts of critical natural capital and strong sustainability». *Ecological Economics*, 44, 165-185.

Environnement Canada. 2006. *Enquête sur l'eau potable et les eaux usées des villes*. Ottawa : Environnement Canada. http://www.ec.gc.ca/water/MWWS/fr/report.cfm , consulté le 8 septembre 2012.

Environnement Canada, 2010. *Planifier un avenir durable – stratégie fédérale de développement durable pour le Canada*. Ottawa : Environnement Canada, Bureau du développement durable, 100 p.

European Environment Agency [EEA]. 2001. *Environmental Benchmarking for Local Authorities : From concept to practice*. Copenhagen: Environmental Issue Report, 20, 64 p.

Fédération Canadienne des municipalités. 2004. *Quality of Life in Canadian Communities*. Ottawa: Fédération canadienne des municipalités, 40 p.

Fédération Québécoise des municipalités. 2007. *Vers une politique de développement durable des municipalités*. Québec : Fédération québécoise des municipalités, 46 p.

Figuières, C., H., Guyomard et Rotillon, G. 2007. *Le développement durable : Que peut nous apprendre l'analyse économique* ? Montpellier :Laboratoire Montpellierain d'Économie Théorique et Appliquée, Etudes et Synthèses, 18 p.

Floridi, M., Pagni, S., Falorni, S. et T., Luzzati. 2011. «An Exercise in Composite Indicators construction: Assessing the Sustainability of Italian Regions». *Ecological Economics*, 70 (8), 440-1447.

Gahin, R., Veleva, V., et Hart, M. 2003. «Do Indicators Help Create Sustainable Communities?». *Local Environment*, 8 (6), 661–666.

Geniaux, G. 2006. *Indicateurs de développement durable : un panorama des principales références bibliographiques, cadres conceptuels et initiatives internationales*. Marseille : Institut d'économie publique, Groupement de recherche en économie quantitative d'Aix-Marseille, 13 p.

Godard, O. 1996. «Le développement durable et le devenir des villes : bonnes intentions et fausses bonnes idées». *Futuribles*, 209, 29-35.

Hametner, M. et R., Steurer. 2007. *Objectives and Indicators of Sustainable Development in Europe:A Comparative Analysis of European Coherence.* European Sustainable Development Network, 17 p.

Harger, J.R.E. et Meyer, F.-M. 1996. « Definition of Indicators for Environmentally Sustainable Development». *Chemosphere*, 33 (9), 1749–1775.

Harribey, J-M. 1997. Le développement durable est-il un concept soutenable? Bordeaux : Groupe d'Economie du Développement de l'Université Montesquieu Bordeaux IV, Document de travail du CED, n° 14, 36 p.

Hartwick, J.M. 1977. «Intergenerational Equity and Investing Rents from Exhaustible Resources». *American Economic Review*, 66, 972–974.

Hébert, S. et M., Ouellet. 2005. *Le Réseau-rivières ou le suivi de la qualité de l'eau des rivières du Québec.* Québec : Ministère du développement durable, de l'environnement et des parcs du Québec.

Hezri, A.A. et Hasan, M.N., 2006. «Towards Sustainable Development? The evolution of Environmental Policy in Malaysia», *Natural Resources Forum*, 30 (1), 37–50.

Hickey, G. et J., Innes. 2008. «Indicators for Demonstrating Sustainable Forestry Management in British Columbia, Canada: an International Review», *Ecological Indicators*, 8 (2), 131–140.

Holden, M., 2006. «Revisiting the Local Impact of Community Indicators Projects: Sustainable Seattle as Prophet in Its Own Land», *Applied Research in Quality of Life*, 1 (3 & 4), 253–277.

Holman, N. 2009. «Incorporating Local Sustainability Indicators into Structures of Local Governance: a Review of the Literature». *Local Environment*, 14 (4), 365-375.

Infrastructure Canada. 2006. *La voie de la durabilité : une évaluation du « caractère durable » de certains plans municipaux du Canada.* Ottawa : Infrastructure Canada, Division de la recherche et de l'analyse.

Institut de la statistique du Québec. 2009. *Auto-évaluation de l'état de santé, population de 12 ans et plus, Québec et régions socio-sanitaires (4 avril 2008) : période 2005-2006.* Québec : Institut de la statistique du Québec.

International Council For Local Environment Initiatives [ICLEI]. 2002. *Second Local Agenda Survey Report.* Washington : UN Department of economic and social affairs, 29 p.

Kahn, M. E. 2006. *Green Cities: Urban Growth and the Environment.* Washington, DC: Brookings Institution Press, 160 p.

King, C., Gunton, J., Freebairn, D., Coutts, J., et Webb, I., (2000). «The Sustainability Indicator Industry: Where to From Here? A Focus Group Study to Explore the Potential of Farmer Participation in the Development of Indicators». *Australian Journal of Experimental Agriculture* 40 (4), 631–642.

Koller, C. 2006. «Le palmarès des villes romandes et le besoin de renforcer la statistique urbaine sur le plan suisse (méthodologie, sources, et résultats)». *Revue économique et sociale,* 1, 101-116.

Kousnetzoff, N. 2003. «Le développement durable: quelles limites à quelle croissance ?». In *L'économie mondiale 2004,* CEPII, p. 93-106. Paris : Éditions La Découverte, collection Repères.

Kuik, O., et H., Verbruggen. 1991. *In Search of Indicators of Sustainable Development.* Amsterdam: Vrije Universiteit te Amsterdam, Instituut voor Milieuvraagstukken, Springer, 138 p.

Lazzeri, Y. et E., Moustier, 2008. *Le développement durable: du concept à la mesure.* Paris: L'Harmattan, 153 p.

Maclaren, V.W. 1996. *Developing Indicators of Urban Sustainability : A Focus on the Canadian Experience.* Toronto : Intergovernmental Committee on Urban and Regional Research Press, January, 130 p.

Mallick, B. 2005. *Development Theory : Rostow's Five-stage Model of Development and Its Relevance in Globalization.* Newcastle : School of Social Science Faculty of Education and Arts, University of Newcastle, 21 p.

Ministère des Affaires municipales, des Régions et de l'Occupation du territoire du Québec [MAMROT]. 2009. *Prévisions budgétaires des organismes municipaux - Exercice financier 2008*. Québec : Ministère des affaires municipales, des régions et de l'occupation du territoire. Lien internet : http://www.mamrot.gouv.qc.ca/finances/fina_info_publ_prev_2009.asp , consulté le 8 septembre 2010.

Marshall, A. 2000. *How Cities Work: Suburbs, Sprawl, And the Roads Not Taken.* Austin: University of Texas Press, 243 p.

Mascarenhas, A., Coelho, P., Subtil, E., et Ramos T.B. 2010. «The Role of Common Local Indicators in Regional Sustainability Assessment». *Ecological indicators*, 10, 646-656.

Ministère du développement durable, de l'environnement et des parcs [MDDEP]. 2007a. «Statistiques annuelles de l'IQA : 2007». In *Le portail du ministère du Développement durable, Environnement et Parcs du Québec.* http://www.mddep.gouv.qc.ca/air/iqa/index.htm , consulté le 8 septembre 2010.

MDDEP. 2007b. *Analyse comparative de systèmes d'indicateurs de développement durable.* Québec : MDDEP, Bureau de coordination du développement durable, Québec, 42 p.

MDDEP. 2009. *Une première liste des indicateurs de développement durable pour surveiller et mesurer les progrès réalisés au Québec en matière de développement durable.* Québec : MDDEP, Document de consultation publique, 58 p.

Mitchell, G. 1996. «Problems and Fundamentals of Sustainable Development Indicators». *Sustainable Development*, 4, 1-11.

Morrey, C. 1997. «Indicators of Sustainable Development in the United Kingdom». In *Sustainability Indicators: A Report on the Project on Indicators of Sustainable Development,* sous la dir. de Moldan, B., S., Billharz et Matravers, R., p. 318-327. Online publications : John Wiley and Sons.

Ness, B., Urbel-Piirsalu, E., Anderberg, S. et L., Olsson. 2007. «Categorising Tools for Sustainability Assessment». *Ecological Economics,* 60, 498-508.

Neumayer, E. 2003. *Weak Versus Strong Sustainability: Exploring the Limits of Two Opposing Paradigms.* UK: Edward Elgar, Cheltenham, 271 p.

Newman, P. 2006. «The environmental Impact of Cities». *International Institute for Environment and Development,* 18 (2), 275-295.

Niemeijer, D. et R.S., De Groot. 2008. «A Conceptual Framework for Selecting Environmental Indicators Sets». *Ecological indicators,* 8, 14-25.

OCDE, 2008. *Handbook on Constructing Composite Indicators: Methodology and User Guide.* OCDE, ISBN978-92-64-04345-9, 158 p.

Ouellet, M. 2006. «Le *Smart Growth* et le nouvel urbanisme : Synthèse de la littérature récente et regard sur la situation canadienne». *Cahier de géographie du Québec,* n° 50 (140), p. 173-193.

Parkinson, S. et M., Roseland. 2002. «Leaders of the Pack: an Analysis of the Canadian 'Sustainable Communities' 2000 municipal competition». *Local Environment,* n° 7 (4), p. 411-429.

Planque, B. et Y., Lazzeri. 2006. *Elaboration d'indicators pour un système de suivi-évaluation du développement durable: tome 1: Principes et méthodologie de construction du référentiel.* Aix-en-Provence : Centre d'Economie Régionale de l'Emploi et des Firmes Internationales, 87p.

Purvis, M. et A., Grainer. 2004. *Exploring Sustainable Development: Geographical Perspectives.* London : Publication Earthcan, 401 p.

Rametsteiner, E., H., Pülzl, J., Alkan-Olsson et P., Frederiksen. 2010. «Sustainability Indicator Development: Science or Political Negotiation?». *Ecological Indicators* [doi:10.1016/j.ecolind.2009.06.009].

Recyc-Québec. 2008. *Programme de gestion des matières résiduelles des municipalités régionales.* Lien internet : http://www.recyc-quebec.gouv.qc.ca/client/fr/gerer/municipalites/Plans_vigueur.asp , consulté le 8 septembre 2010.

Reed, M.S., Fraser, E. et A. Dougill. 2006. «An Adaptive Learning Process for Developing and Applying Sustainability Indicators with Local Communities. *Ecologicial Economics*, 59, 406-418.

Rogers, P.P., K. F., Jalal et J. A., Boyd. 2008. *An Introduction to Sustainable Development.*. London: Publication Earthscan, 416 p.

Rotillon, G. 2005. *Économie des ressources naturelles*. Paris : Editions la Découverte, Collection Repères, 125p.

Runnalls, K. 2007. *Choreographing Community Sustainability*. Vancouver : Centre of Expertise on Culture and Communities, 110 p.

Saisana M. and Tarantola S. 2002. *State-of-the-art Report on Current Methodologies and Practices for Composite Indicator Development*. Italy: European Commission-JRC, EUR 20408, 72 p.

Société de l'assurance automobile du Québec [SAAQ]. 2008. *Répartition des automobiles et des camions légers promenade par municipalités, 2007 et 2008.* Montréal : SAAQ.

Scottish Excutive Social Research, 2006. *Sustainable Development: a Review of International Literature*. Scotland: University of Strathclyde, University of Westminster and the Law School, Center for sustainable development. 171 p.

Sénécal, G. (coord.) 2007. *L'état de l'environnement urbain au Québec : un coup de sonde auprès des municipalités*. Montréal : INRS-Urbanisation, Culture et Société, 66 p.

Sharpe, A. 2004. *Literature Review of Frameworks for Macro-indicators*. Ottawa: Centre for the Study of Living Standards, 79 p.

Singh, R.K., Murty, H.R., Gupta, S.K. et A.K, Dikshit. 2009. «An Overview of Sustainability Assessment Methodologies». *Ecological Indicators*, 9, 189-212.

Statistiques Canada. 2006. *Profil cumulatif, 2006 - Québec (Subdivisions de Recensement), Recensement de la population de 2006 (provinces, divisions de recensement, municipalités)*. Ottawa : Statistiques Canada.

Statistiques Canada. 2007. *Statistiques de la Criminalité - Infractions détaillées, tous les répondants - 1977 – 2007*. Ottawa : Statistiques Canada, Programme de déclaration uniforme de la criminalité.

Tanguay, G.A., Rajaonson, J., Lefebvre, J.F. et P., Lanoie. 2009. «Measuring the Sustainability of Cities: An Analysis of the Use of Local Indicators». *Ecological Indicators*, 10, 407-418.

Tanguay, G.A., 2001. «Strategic Environmental Policies under International Duopolistic Competition», *International Tax and Public Finance*, 8, 793-811.

Tasser, E., Sternbach, E., et Tappeiner, U. 2008. «Biodiversity Indicators for sSustainability Monitoring at Municipality Level: an Example of Implementation in an Alpine Region». *Ecological Indicators*, 8 (3), 204–223.

Tchimou, W.O. 2005. *Élaboration d'indicateurs de développement humain au niveau régional en Côte d'Ivoire*. Côte d'Ivoire : École Nationale Supérieure de Statistiques et d'Économie Appliquée.

Theys, J. 2001. « À la recherche du développement durable : un détour par les indicateurs ». In *Le développement durable, de l'utopie au concept : de nouveaux chantiers pour la recherche*, sous la dir. de M., Jollivet, p. 269-279. Paris : Elsevier : Nature, Sciences et Société : collection environnementale.

Tomalty, R..(dir) June 2007. *The Ontario urban sustainability report, 2007*. Ottawa: The Pembina Institute, 115 p.

Torres, E. 2002. « Adapter localement la problématique du développement durable : rationalité procédurale et démarche-qualité », *Développement durable et territoires* Dossier 1 : http://developpementdurable.revues.org/878, consulté le 20 août 2010.

United Nations Conference on Sustainable Development Secretariat [UNCSD]a. 2012. *Sustainable Cities*. Rio 2012 Briefs, n°5.

United Nations Conference on Sustainable Development Secretariat [UNCSD]b. 2012. *Point 10 de l'ordre du jour, résultat de la conference : L'avenir que nous voulons*. Nations Unies, A/CONF. 216/L.1.

Vansnick, J. C. 1990. «Measurement Theory and Decision Aid». In *Readings in multiple criteria decision aid,* sous la dir. de Bana e Costa C.A., p. 81-100. Berlin: Springer-Verlag.

Ville de Montréal. 2004. *Bilan environnemental et Qualité des cours d'eau de Montréal. 2004.* Montréal : Ville de Montréal. http://ville.montreal.qc.ca/portal/page?_pageid=3216,3787640&_dad=portal &_schema=PORTA , consulté le 8 septembre 2010.

Wilson, J., Tyedmers, P., & Pelot, R., 2007. «Contrasting and Comparing Sustainable Development Indicator Metrics», *Ecological Indicators*, 7 (2), 299–314.

World Bank. 1989. *Economic Analysis of Sustainable Growth and Sustainable Development.* Washington DC : World Bank, Working Paper 15, 88 p..

Zilahy, G., Huisingh, D., Melanen, M., Phillips, V., & Sheffy, J. (2009). «Roles of Academia in Regional Sustainability Initiatives: Outreach for a More Sustainable Future». *Journal of Cleaner Production,* 17 (12), 1053–1056.

www.ingramcontent.com/pod-product-compliance
Lightning Source LLC
Chambersburg PA
CBHW021117210326
41598CB00017B/1479